U0421538

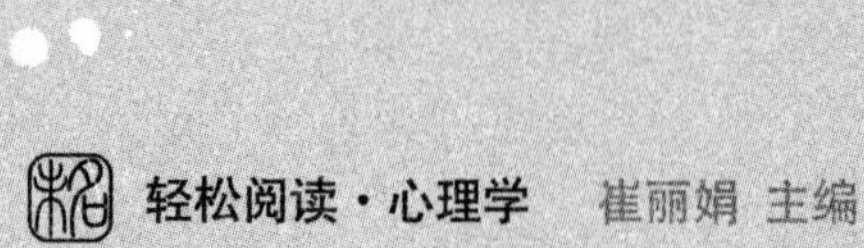

轻松阅读·心理学　崔丽娟 主编

心理实验室

走近实验心理学 | 周颖◎著

Xinli Shiyanshi

图书在版编目(CIP)数据

心理实验室：走近实验心理学/周颖著.—北京：北京大学出版社，2007.10
(未名·轻松阅读·心理学)
ISBN 978-7-301-12776-6

Ⅰ.心… Ⅱ.周… Ⅲ.实验心理学一通俗读物 Ⅳ.B84-49

中国版本图书馆 CIP 数据核字(2007)第 149118 号

书　　　名：心理实验室：走近实验心理学
著作责任者：周　颖　著
策 划 编 辑：杨书澜
责 任 编 辑：魏冬峰
标 准 书 号：ISBN 978-7-301-12776-6/C·0461
出 版 发 行：北京大学出版社
地　　　址：北京市海淀区成府路 205 号　100871
网　　　址：http://www.pup.cn　电子信箱：zpup@pup.pku.edu.cn
电　　　话：邮购部 62752015　发行部 62750672　编辑部 62752824
出版部 62754962
印　刷　者：北京大学印刷厂
经　销　者：新华书店
890 毫米×1240 毫米　A5　7 印张　149 千字
2007 年 10 月第 1 版　2007 年 10 月第 1 次印刷
定　　　价：20.00 元

总　序

《心理学是什么》（北京大学出版社2002年版）一书出版后，每年我都会收到很多读者来信，他们对心理学的热情和想继续学习研究的执著，常常感动着我。2005年我国心理咨询师从业证书考核工作启动，更是推动了全社会对心理学的关注与投入："心理访谈"、"心灵花园"、"情感热线"等栏目，成为多家电视台的主打节目；心理培训、抗压讲座、团体训练等等，成为各类企业管理中的新型福利之一；商品的广告设计、产品包装的色彩与图案、产品的价格设置等等与消费心理学的联姻，使商家在销售活动中"卖得好更卖得精"……

社会对心理学的热情最终推动了学子们对心理学专业学习和选择心理学作为终身职业的热情。读者中有许多都是在校读书的学生，有高中生来信说，正是因为阅读了《心理学是什么》，他最终在高考时选择了心理学专业；有非心理学专业的大学生来信说，因为《心理学是什么》一书，使他们在毕业之际放弃了四年的专业学习，跨专业报考心理学专业的研究生。学生们在来信中不约而同地指出，心理学的蓬勃发展，使今日的心理学有了众多的分支学科，在面对异彩纷呈的心理学研究领域时，该选择心理学中的哪一个分支学科，作为自己一生的研究与追求呢？他们希望能有更进一步阐释心理学各分支学科的书籍，帮助他们在选择前，能了解、把握心理学各分支学科的研究框架和基本内容。所以，当从北京大学出版社杨书澜女士处得到组织写作这套心理学丛书的邀请时，我倍感高兴。可以说，正是读者的热情与执著，最终促成了这套心理学丛书的诞生。

我们知道，心理学，尤其现代心理学，研究内容非常广泛，涉及了社会生活的方方面面。因此，在社会生活的众多领域，我们都可以见到心理学家们活跃的身影。比如，在心理咨询中心、精神卫生中心以及医院的神经科，我们可以看到咨询心理学家或健康心理学家的身影，他们为那些需要帮助的人提供建议，解决他们的心理困惑，帮助来访者健康成长，对那些有比较严重心理疾病的患者，如强迫症、厌食症、抑郁症、焦虑症、广场恐怖症、精神分裂症等，则实施行为矫治或者药物治疗。除了给来访者提供以上帮助之外，他们也做一些研究性工作。在家庭、幼儿园和学校，儿童心理学家、发展心理学家和教育心理学家发挥着重要的作用。儿童心理学家、发展心理学家研究儿童与青少年身心发展的特征，特别是儿童的感知觉、智力、语言、认知及社会性和人格的发展，从而指导教师和家长更好地帮助孩子成长，并给孩子提供学习上、情感上的帮助和支持；教育心理学家研究学生是如何学习，教师应该怎样教学，教师如何才能把知识充分地传授给学生，以及如何针对不同的课程设计不同的授课方式等等。心理学的研究与应用领域很多很多，如军事、工业、经济等等，凡是有人的地方就有心理学的用武之地，可以说，心理学的研究，涵盖了人的各个活动层面，迄今为止，还没有哪一门学科有这么大的研究和应用范围。美国心理学会（APA）的分支机构就有50多个，每个机构都代表着心理学一个特定的研究与应用领域。在本套丛书中，我们首先选取了几门目前在我国心理学高等教育中被认为是心理学基础课程或专业必修课程的心理学分支学科，比如普通心理学、实验心理学、发展心理学、心理测量、人格心理学、教育心理学等。其次，选取了几门目前社会特别需求或特别热门的心理学分支学科，比如咨询心理学、健康心理学、管理心理学、儿童心理学等。我们希望，能在以后的更新和修订中，不断地把新的心理学分支研究领域补充介绍给大家。

本套丛书仍然努力沿袭《心理学是什么》一书的写作风格，即试图从人人熟悉的生活现象入手，用通俗的语言引出相关的心理学分支学科的研究与应用，让读者看得见摸得着，并将该研究领域的心理学原理与自己的内心经验互相印证，使读者在轻松阅读中，把握心理学各分支研究领域的基本框架与精髓。

岁月匆匆，当各个作者终于完成书稿，可以围坐在一起悠然喝杯茶时，大家仍然不能释然，写作期间所感受到的惶然与忐忑，仍然困扰着我们：怎样理解心理学各分支学科？以什么样的方式来叙述各心理学分支学科的理论流派和各种心理现象，以使读者对该分支学科有更为准确的理解和把握？该用什么样的写作体例，并对心理学各分支学科的内容体系进行怎样的合理取舍，对读者了解和理解该分支心理学才是最科学、最方便的？尽管我们在各方面作了努力，但我们仍然不敢说，本套丛书的取舍和阐释是很准确的。正如我在《心理学是什么》一书的前言中写到的："既然是书，自有体系，人就是一个宇宙，有关人的发现不是用一个体系能够描述的，我们只希望这是读者所见的有关心理学现象和理论介绍的独特体系。”

交流与指正，可以使我们学识长进，人生获益。我们热切地盼望着学界同仁和读者的批评与指教。同时我也要感谢北京大学杨书澜女士和魏冬峰女士的支持与智慧，正是她们敦促了该套丛书的出版，并认真审阅和提供了宝贵的修改意见。

最后我要感谢参与写作这套丛书的所有年轻的心理学工作者们，正是他们辛勤的工作和智慧，才使这些心理学的分支学科有了一个向大众阐释的机会。

崔丽娟

2007 金秋于丽娃河畔

前　言

大约在公元前700年的时候，有一个古埃及国王对语言的起源非常好奇。于是，他将一个男婴交给牧羊人抚养，并且命令他不许和这个孩子说话。在这个男孩长到应该会说话的年龄时，他被带回到国王面前。这时，他发出的第一个音节听上去就像埃及语中的“面包”。国王因此得出结论：埃及人的语言是天生的。

从某种意义上来说，这是历史上的第一个心理学实验。因为这是通过控制——让牧羊人来抚养男孩且不许他和孩子说话，对言语这种心理现象所进行的观察。心理学实验的要点正是控制和观察，即在控制条件下，对心理现象实施的观察。当然严格说来，这只是个粗糙的实验，不能和近现代心理学实验相比，真正的心理学实验应当追溯到实验心理学诞生之后。

实验心理学是在控制条件下对心理和行为进行研究的心理学分支，它为心理学研究提供方法论指导，是以操作性的量化手段来探寻人类心理奥秘的有效途径。实验心理学的诞生不仅使心理学获得了收集材料的新手段，而且使心理学建立在精确可靠的实验基础上，可以说正是实验心理学的建立才使得心理学成为一门真正独立的科学。实验心理学的这种重要性也使其成为心理学科研和教学中不可或缺的支柱性学科。

通过本书，我们希望你能够对实验心理学中的基本研究方法和基本概念有所了解。事实上，一旦你理解并掌握了这些研究方法，你在探索其他心理学研究领域时或许会游刃有余；除此之外，这些研究方法还能在心理学之外的领域给你带来益处。以下我们列举几点：

1. 本书将有助于你学习其他心理学课程。心理学是一门以研究为基础的学科，几乎所有的心理学课程内容都会涉及实验研究。因此，通过实验心理学的学习，你能更加充分地理解心理学研究中的方法论，也就能更好地掌握其他课程中的内容。为了证明这一点，你可以去翻阅任何一门心理学课程的教材，从教育心理学到发展心理学，从人格心理学到变态心理学，你都能体会到方法在其中的基础性和重要性。值得一提的是，在国内外很多高校中，心理学研究生的招生负责人通常十分重视考生实验心理学课和心理学研究方法课的学习。如果你在这两门课的考核中表现出色，你将得到招生人员的高度评价。

2. 本书将有助于你毕业后从事研究工作。假如你是一名心理学本科生，在修读了实验心理学课程之后，认为虽然课程很有趣也能刺激思维，但是教材中的材料却比较枯燥。你可能会认为你“永远”不会从事心理学研究工作。但是毕业之后，你找到的工作很可能就是在医药公司或人才测评公司进行研究。虽然这些研究工作看似和心理学领域没有很大的关系，但是其中所涉及到的方法却是实验心理学所涵盖的。事实上，这样的情况在我们身边发生了很多次，许多心理系学生毕业之后才会后悔当初没有好好学习实验心理学。因此我们希望你能够保持一种明智的选择，永远不要说“永远不会”，毕竟实验心理学中所涉及的方法论在心理学领域和非心理学领域都有很大的价值。

3. 本书有助于你成为明智的消费者。只要我们稍稍留意一下身边的广告，你就会发现其中蕴涵着很多关于心理学现象和心理学研究的说法。例如，有的广告会宣称某种特定的口服液能够改善人的记忆；有的广告宣称通过实验结果表明，某种牙膏防治龋齿的效果最佳；还有的广告宣称某种牌子的可乐口味最好。你会选择相信这些广告中的说法吗？事实上，如果你能够了解这些说法所基于的研究或实验是否符合科学的方法论，那么你就能判断这些所谓依据的可靠程度，也就能对这些广告信息做出更明智更有根据的选择。本书所涉及的研究方法将教会你如何进行选择，使你在日常生活中成为一个更加明智的消费者。

下面就让我们开始神奇的实验心理学之旅，相信各位一定能在旅途中体验到实验心理学控制的精妙之美。

CONTENTS

目 录

第一章 什么是实验心理学

心理学虽有一长期的过去，但仅有一短期的历史。

——艾宾浩斯

实验心理学是心理学教学和科研必不可少的支柱学科。它为什么如此重要呢？这也是众多心理学专业的初学者常常会提出的一个问题。因此，本章将以此为切入点，从实验心理学的起源、科学属性以及研究程序这三个基本方面逐一进行剖析。希望各位能够在阅读完本章之后，对实验心理学留下一个全面而深刻的第一印象。

第一节 实验心理学是如何诞生的

实验心理学是应用科学的实验方法研究心理现象和行为规律的科学，是心理学中关于实验方法的一个分支，它目前已经成为科学心理学研究的代表和主力。这一地位的获得离不开实验心理学创始之初诸多研究者的贡献，其中尤以费希纳、冯特和艾宾浩斯的工作最具里程碑意义。正是得益于这三位心理学家的卓越贡献，实验心理学乃至整个科学心理学的大厦才获得了坚实的基石。

一、费希纳

1801年4月19日，费希纳出生于德国东南部的一个小村落。1817年他开始在莱比锡大学学医，1822年获得医学博士学位，此后十年间兴趣转向物理学，从事物理学研究和翻译。1824年被聘为莱比锡大学物理学教授。在教授物理学的同时，他开始从事感觉研究，并率先采用心理物理学方法研究色觉与后像的新领域。其后受19世纪荷兰理性主义哲学家斯宾诺莎（Benedictus Spinoza，1632—1677）身心合一二元论的影响，相信身体和心理是一个共同体的两个方面，开始采用科学方法对此进行深入的研究，走向用心理物理学方法研究物理刺激变化和感觉变化之间关系的道路。1860年他出版了两卷本的《心理物理学纲要》。

图1-1 费希纳(G.T.Fechner，1801—1887)

费希纳受当时德国科学思想的

影响，认为自然科学行之有效的实验法也可用于研究感觉生理学。正如前文所述，他发展了心理物理学，并成为实验心理学的开路先锋。归纳起来，费希纳对心理学的贡献主要在于以下几个方面：

1. 费希纳定律

费希纳采用物理学方法研究感觉生理，从而探讨哲学心理学中身心关系的问题。1860 年他在韦伯定律（Weber's law）的基础上，提出了费希纳定律（Fechner's law），认为该定律可用于了解人们对刺激量的心理经验，即知觉大小。其公式表示为：$S=K\lg R$（S：感觉到的刺激强度，R：实际刺激强度，K：常数）。可见，费希纳定律实际上表明由刺激所引起的知觉大小是该感觉系统的 K 值与刺激强度的对数之积。费希纳定律说明在物理量不断增加时，心理量的增加速度逐渐减慢。

费希纳定律证明环境刺激和心理经验之间存在的联系可以用简单数学公式来表达。人类的心理能够以数学形式加以预测，这正是费希纳展现给后世实验心理学家的隐喻。同时该公式表明刺激的效果不是绝对的，而是相对于已有的感觉强度的。例如，一百只烛光再加上一只烛光，不会使我们觉得更亮一些，但是一只烛光再加上一只烛光就会使我们觉得更亮了。刺激增加的强度并不直接等于感觉增加的强度。

2. 心理物理学实验方法

费希纳在心理物理学研究中创造了三种测量阈限的方法，它们分别是：最小变化法、恒定刺激法和平均差无法。直至现在这些方法以及它们的变式仍被运用于心理学研究中。费希纳提出的三种方法是心理现象得以被精确的量化描述，使人们有可能对人类心理进行实验研究。实验心理学家从此可以使用科学的方式确定人的心理状态。

3. 对现代心理学的影响

费希纳的思想及方法深刻地影响了随后的实验心理学研究。关于阈限的思想也被后人进一步深化，一方面，形成了对心理内容进行科学化和量化研究的量表（如法国的比奈—西蒙量表），进行阈上测量，这无疑从根本上改变了心理测量方法，并使之成为一门新兴学科；另一方面，后人弥补了阈限概念的不足和缺陷，发展了新的心理物理学方法——信号检测论。另外，艾宾浩斯也因为受其影响，开拓性地用实验的方法研究冯特所宣布的无法用实验方法研究的记忆等高级心理过程。所以说正是费希纳促使后人对各种心理现象都试图进行科学量化研究。

虽然费希纳建立的心理物理学意图在于证明自己哲学思想的科学基础，但却对以后的实验心理学研究产生了深远的影响。虽然费希纳没有像冯特那样有意识地收集资料，建立心理学实验室，编写心理学教材，整合心理学的学科体系，使其成为一门真正的科学，但是他直接影响了这种变革，并且影响了促成这种变革发生的重要历史人物。

二、冯特

1832年8月16日，冯特出生于德国海德堡附近巴顿的一个牧师家庭。冯特自幼跟随其父亲的助手学习、同住，其童年几乎没有任何娱乐活动，基本上是在读书中度过的。也许正因如此才使他养成了日后严谨务实、不苟言笑的习惯。他19岁进入图宾根大学学习医学与哲学，后转入海德堡大学就读，在那里他如鱼得水地学习解剖学、生理学、医学、物理学和化学等，并对生理学产生了强烈的兴趣。冯特在1855年获得医学博士学位后，一直在海德堡大学从事教学与研究工作，并于1858年受聘担任著名生理心理学家赫尔姆霍茨的研究助理。1864年应聘为该校生理学助理教授，1874年升任正教授。1875年到莱比锡大学任教，长达45年。早在海德堡从事生理学研究时，冯特关于心理学是独立的实验科学的概念已经开始出现。在《对感官知觉学说的贡献》一书中，他阐述了关于新心理科学的思考和建议。在这本书里，冯特第一次讲到“实验心理学”。1863年，冯特出版了《人与动物的心理讲义》，本书所探讨的许多问题是实验心理学家们多年来一直关注的问题。1873—1874年他出版了《生理心理学原理》，被心理学界誉为科学心理学史上最伟大的著作。冯特晚年兴趣转变，最后20年完成了10卷巨著《民族心理学》。

图1-2　冯特（W.M.Wundt，1832—1920）

冯特所开创的现代意义上的心理学，其核心是在心理学研究中引入实验法，其本质也就是实验的心理学。鉴于他在心理学史上的地位，我们不得不提及冯特对整个心理学的贡献。归纳起来，冯特对心理学的贡献主要有几下几点：

1. 倡导研究心理现实

冯特倡导用心理现实作为心理学的研究内容，反对把神学和哲学上的灵魂作为自己的研究对象，为心理学的独立开辟了道路。

2. 建立第一个心理学实验室

冯特提出必须用实验方法研究心理学，并于 1879 年在莱比锡建立了第一个心理学实验室，对心理现象进行量化的科学研究，从而创立了实验心理学这门新学科，使心理学真正地走入科学的殿堂。

3. 培养学生，推广心理学

冯特的伟大之处还在于运用莱比锡实验室培养了一大批学生，遍撒心理学国际性发展的种子。据统计，冯特的学生中有 116 人研究心理学课题，其中 34 人成为心理学界的知名学者，如霍尔（Granrille Stanley Hall，1844—1924）、卡特尔（James Mckeen Cattell，1860—1944）、铁钦纳（Edward Bradford Titchener，1867—1927）等等。这些学者回国后相继建立了自己的实验室，创办期刊杂志，设立心理学课程，编写本土的心理学教材，为本国培养自己的专业人才，从而推动了整个世界心理学学科的繁荣和发展。

这种影响也远至亚洲的日本和中国。我国著名的教育家蔡元培曾于 1907—1913 年两度留学德国，留学期间，曾在莱比锡大学亲自聆听冯特的心理学实验室课程，并作为自己心理学的主修课。学成回国后，蔡元培一方面重视把心理学的实验法应用于教育学中；另一方面重视心理学在建立中国新文化科学体系中的重要作用。在倡导建立中国新文化科学体系中，积极引导心理科学沿着冯特的科学心理学的新方向发展。1917 年，他在北京大学建立了心理学实验室，并于 1926 年在该校设立了心理学系。两年后，他领导的中央研究院成立了心理研究所。他曾指出："从前心理学附入哲学，而现在用实验法，应列入理科。"

如前所述，冯特开创的心理学是以实验法研究现实的人类心理，因而冯特也就同时成为实验心理学的开山人物，这无疑是他对现代实验心理学的最大影响。

三、艾宾浩斯

1850年2月24日，艾宾浩斯出生于德国波恩附近的一个富商之家。17岁进入波恩大学学习历史与哲学，1873年获得波恩大学哲学博士学位。此后的七年中遍游英法等国从事独立研究。

艾宾浩斯深受费希纳用于研究心理现象的数学方法的启发，决定运用严格、系统的数学方法研究已经被冯特认为无法研究的高级心理过程——记忆。此后，他放弃了哲学，转而探索用心理物理学的方法研究记忆，正是这一工作发掘了实验心理学的无穷潜力。1880年，艾宾浩斯成为柏林大学的讲师，1885年出版了《记忆》。1894年晋升为柏林大学的教授，不久转任波兰的布雷斯劳大学教授。1908年出版了《心理学概论》。1909年2月26日，这位虽然著作不多，但却对心理学的发展产生了深远影响的心理学家病逝。

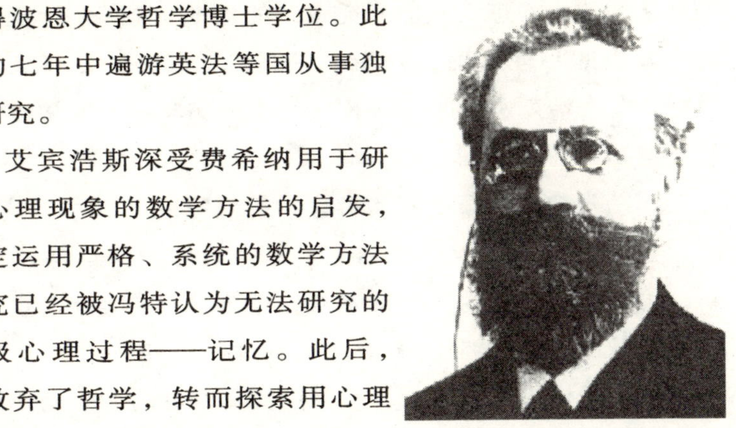

图 1-3 艾宾浩斯（H.Ebbinghaus，1850—1909）

艾宾浩斯在实验心理学起步阶段所作的重要贡献，可以用一句话简单概括：他发现并证明了实验法在整个心理学研究中都是有效的工具。在艾宾浩斯将实验法应用于记忆研究之前，心理实验的客观性前提已经解决，实验法也已经用于感知觉的研究。但是摆在实验心理学发展道路上的最后挑战尚未克服，那就是：实验法可以应用于所有或者至少是大部分的心理现象吗？对这个问题的回答直接关系到实验心理学的最终地位。艾宾浩斯的工作证明了实验法的普适性，具体说来又可以从以下几方面来理解：

1. 证明了实验方法可以用来研究高级心理过程

虽然冯特开启了用实验方法研究心理过程的新起点，但冯特认为实验心理学只能研究意识的基本元素——感觉——这个基本的心理过程，并指出只能用观察法研究高级心理过程。艾宾浩斯突破了这种框定，采用实验法研究学习、记忆及遗忘等高级心理过程。

2. 从根本上变革了实验心理学的研究范式

艾宾浩斯创造性地使用无意义音节作为记忆的研究材料，将实验心理学的研究范式从此导向了人工实验情景。艾宾浩斯认为人对文字已形成大量的联想，用既有的文字研究记忆，干扰很大。因此，他采用德文字母的一个元音和两个辅音制造出2 300个无意义音节，如gij，dax，nov，等等。可以说，此后实验心理学中出现的各种人工概念、人工语法以及各种错觉材料的不断涌现，正是实践了艾宾浩斯对心理学实验进行人工的规范控制的思想。

3. 为实验心理学提供新的变量测量方法，解决了高级心理过程的量化问题

艾宾浩斯发明节省法来测量学习和记忆的效果，不同于以往研究中使用的背诵法，节省法是在识记或学习了一行音节后，经过一定的时间间隔，再次识记或学习，然后对两次识记或学习的次数进行比较，从而推断记忆的保存量。节省法的问世，意味着高级心理过程也能够被精确地量化，正如感觉大小能被费希纳的心理物理方法量化一样。这种方法隐含着现今实验心理学对高级心理过程进行量化把握的基本原则：找到某些行为指标的变化来反映心理过程的特性。从这个意义上讲，节省法不仅仅提供了记忆测量的新方法，更对所有高级心理过程的量化开创了全新的时代。

4. 通过实验研究，建立了第一个和高级心理过程有关的函数关系——遗忘曲线

如果说费希纳的功绩在于建立感觉心理物理函数，那么艾宾浩斯就是试图建立高级心理过程函数的第一人。时间和记忆之间的关系作为常识人人皆知，记忆之后的时间间隔越长，记的越少，但艾宾浩斯正式采用科学手段对时间和遗忘之间的函数关系做了确切研究。他自己既为主试又为被试，采用节省法测量学完无意义音节之后在不同时段的遗忘情况。

5. 对现代实验心理学的影响

毫不夸张地说，整个现代实验心理学的辉煌成就，都应该部分地归功于艾宾浩斯。如果没有他对高级心理过程应用实验法的探索研究，记忆、思维、想象、情绪情感等领域或许至今仍是现代实验心理学的禁足之地——而今它们恰恰是现代实验心理学取得丰硕成果的领域。艾宾浩斯对记忆规律深入而成功的研究，诱使后辈心理学家们不断尝试将实验法应用于各种心理现象。而他所采用的人工条件下实验研究的方法，则成为此后所有实验室心理研究的金科玉律，保证了实验心理学结论的客观性。

即使仅从对记忆研究这一点来说，艾宾浩斯对现代实验心理学的影响也是巨大的：自从艾宾浩斯提出用节省法研究记忆的储存量以来，就引发了持续百年的记忆研究热潮。艾宾浩斯将记忆分成三大类，其中第三类涉及到无意识的记忆。艾宾浩斯认为这类记忆“会在当前的思想和行为上有所反映，但此过程没有意识参与的痕迹”。虽然因为当时实验技术的不足，他没有深入研究这类记忆，但是他指出了这类记忆不能用“内省法”研究，而只能以“节省法”这种关注于行为反映的方法作为量化研究的程序。今天的实验心理学正在把艾宾浩斯的预言变成现实：艾宾浩斯所说的无意识的记忆，在今天看来完全符合内隐记忆的特点；而艾宾浩斯所提出用节省法或者说通过行为指标来研究无法内省觉察的无意识记忆的观点，正是当今内隐记忆研究所奉行的准则。

冯特首次提出心理学必须用实验的方法进行研究，从而构建了实验心理学的框架。费希纳和艾宾浩斯则分别是冯特承前启后式的关键人物。费希纳开创性地提出了量化研究“心灵”的思想以及具体可操作化的量化方法，即影响深远的心理物理法，从而为实验心理学指明了方向。艾宾浩斯则开创了用实验方法研究记忆等高级心理过程的先河，从而构建出实验心理学的雏形。

第二节　为什么说实验心理学是科学

在上一节中，我们以费希纳、冯特、艾宾浩斯这三位学者为代表，回顾了传统心理学研究者对实验心理学的奠基、创立和走向成熟所作出的不可磨灭的贡献。同样是在上一节中，我们也曾经提到实验心理学让心理学真正走向了科学，但并未就此深入讨论。在接下来的这一节中，我们要解答这个疑问：实验心理学为什么是科学的？

实验心理学为什么是科学的？要回答这个问题，我们首先需要理解“什么是科学”，即科学方法的特征，然后再把实验心理学与这些科学方法的特征进行比较，假如实验心理学具备这些科学方法的特征，那么无疑实验心理学就是科学的。

我们先来看几个例子，请在科学的判断过程前画勾：

（ ）6 岁的小琳相信月亮上有嫦娥，因为这是妈妈亲口告诉她的。

（ ）今年甲 A 山东队肯定赢，因为我们山东人是最强的。

（ ）太阳肯定是绕着地球转的，因为太阳每天东升西落。

事实上，以上例子分别属于权威、注意凝聚和先验这三种确立信念的方法。它们都不是科学的判断例子，因为它们都不能洞穿事物的现象而直取本质并确立信念。

一百多年前，美国哲学家 C.S.皮尔斯（1877）指出获得信念的方法除科学方法之外，还有权威影响、注意凝聚和先验这三种非科学的方法。那么科学方法何以从这些方法中脱颖而出，成为帮助我们洞穿事物现象而直取本质的方法呢？让我们先来看看非科学方法的特点。

一、 非科学方法的缺陷

第一种非科学方法是权威影响，即听信权威之言。这种方法最简单便捷，因为不必亲历事实就能获得知识，例如 6 岁的小琳相信月亮上有嫦娥，因为这是妈妈亲口告诉她的。但是听信权威是一种冒险行为，因为其前提假设是“权威必然正确”，如若个体所坚信的权威并非完全可靠，这种信念确立方式就是空中楼阁了。

第二种方式是注意凝聚，指人们不顾已知的相反事实仍然固守着自己已有的知识拒绝改正。例如山东球迷固执地相信自己的球队肯定会赢得最后的胜利，哪怕球队遭遇接连失败。注意凝聚还常常可以在种族偏见者中看到。他们刻板地固守着某种社会定型，即使面对着强有力的反例也照样如此。尽管通过注意凝聚所确立的信念不尽合理，但是我们也不能说它全无价值。注意凝聚者无所不在，而且他们还寻找并说服一些人与之共鸣。注意凝聚就是对事物保持固定不变的看法，因此它也许可以在一定程度上减轻人们的紧张与心理不适。

第三种信念确立的方式是先验，表示人们不经过研究或考证就相信那些看上去似乎合理的预存信念。这种方式实际上是权威影响的延伸，只不过没有所盲从的特定权威罢了。一般知识几乎都是先验的信念。比如，人们曾经相信，地球是扁平状的，而且还顺理成章地推测太阳就像月亮那样围绕地球转。确实，如果你不在航天器里，你所看到的地球就是扁平状的。

二、 科学方法的标志

确立信念的科学方法是在经验观察的基础上寻求现象解释的可重复性，并进行自我校正，它有两个重要特征：经验观察和自我校正。

科学方法的第一个特征是强调经验观察。经验源于一个意为“经验、经历”的古希腊语，它显示了信念来源的客观性。科学方法不会仅仅凭借偶然遭遇或道听途说就得出结论，相反，它要求研究者通过大量现象观察、认真查阅文献、系统的科学实验研究之后，才谨慎地得出结论。与此相比，权威影响、注意凝聚和先验这三种非科学的方法就相形见绌：受权威影响而确立的信念很难百分之百的正确，因为人们无法保证权威信念本身是正确的；而注意凝聚和先验的方式或者拒绝考虑事实，尤其是反面事实，这使得信念来源极不客观，或者即便考虑了事实，但通常又不系统。例如，亚里士多德通过对客观世界的非系统观察相信，世界是扁平的，各个春季雾气自发地从污泥中产生。

科学方法的第二个长处是能够自我校正。科学方法并不固守某个信念，而是提供可加以判断信念正误的程序。原则上，任何人都能做经验观察。一般而言，经验观察得出的科学事实有两个特点：可公开、可重复。通过公开的观察，可以使新旧信念之间进行比较并确定取舍，如果旧信念不符合经验事实就该抛弃。但这并不等于说科学家们都会喜新厌旧。事实上，信念的改变是一个缓慢的过程，其最终结果必然是错误信念的清除和科学信念的确立。公开的经验观察是科学方法的基石，正是它使得科学拥有了自我校正的属性。

三、实验心理学是科学吗

经验观察和自我校正使得我们可以借助科学方法从诸多纷繁复杂的现象中剥离出事物的本质。那么实验心理学是科学的方法吗？它是否具备这两个特征呢？我们先从经验观察这个角度来评价实验心理学。要达到科学方法的标准，实验心理学必须回答“观察什么”和“怎样观察”这两大课题。前者要求心理学实验有明确的观察对象，这并不成问题，诸如感觉、记忆和情绪等都可以成为被观察的对象。而“怎样观察”则是主要问题：心理学研究本身所具有的复杂性和不确定性超出了物理学等其他科学研究，这无疑使得实验心理学的经验观察变得非常困难。心理学研究的对象是具有主观意志和复杂情绪的人。试想，在酸碱中和的化学实验或者小球从斜坡上滚下的物理学实验中，实验中的瓶瓶罐罐、小球、斜坡永远不可能提出“实验太枯燥了，我不想玩了”等要求，而在心理学实验中，我们的实验对象——人，却极有可能提出这些令研究者崩溃的要求，甚至微妙的情感变化也会影响心理学实验。好在实验心理学已经发展出一套较为有效且稳定的观察方法，能够尽可能地避免其他影响因素的干扰，这也使得实验心理学在经验观察方面向科学方法的标准迈进了很大的一步。

再来看看自我校正方面，实验心理学能否自我校正？这个问题的答案取决于实验心理学的结论是否以一种可证伪的形式提出，或者说，实验心理学的理论观点的正确与否是不是可以通过多个心理学实验加以验证？如果从一次实验中得出的结论同样可以通过其他实验来进一步巩固证实或反驳质疑，那么我们就有理由相信实验心理学具有自我校正的能力。

可喜的是，实验心理学完全具备了以上经验观察和自我校正的要求，因此也就具备了科学方法所必需的属性。

第三节 人心难测：实验心理学如何研究人

两个和尚挑水喝，三个和尚没水喝。

——为什么人多反倒没水喝

一、通过观察确定课题

实验心理学的经验观察以一般的现象观察为起点。社会心理学家拉坦（B. Latané）的观察就引导他注意到生活中存在一种非常普遍的现象：在集体工作中大家都有放松努力的倾向。“两个和尚挑水喝，三个和尚没水喝”就是对该现象最形象的概括（见图 1-4）。

喂，送桶矿泉水来！

图 1-4　三个和尚没水喝

http://guokeji.fotolog.com.cn/photo_detail.f?photoid=819539

然而这只是一般意义上的观察和猜测，与实验心理学真正的经验观察相去甚远。拉坦与普通人的差异在于，他不满足于仅将好奇心停留在观察阶段，而是决定对这种他称之为“社会浪费”的现象进行实验研究，从而开始着手将一般的观察接触升级为科学方法的经验观察——心理学实验。

二、查阅文献

进行心理学实验的前期准备是查阅文献，以了解是否有人曾研究过该课题，并藉此掌握此方面研究的进程。回想一下科学方法所要求的自我校正特征，就可以理解为什么心理学实验正式开始之前还需要文献准备。文献查阅使得当前研究者的实验不仅仅作为经验观察的手段，还成为对前人观察结果的检验。

拉坦经由文献查阅过程了解到：有关社会浪费的最早研究是由一名法国农业工程师林格曼（Ringelmann，1913）进行的。林格曼用拉绳实验证实了社会浪费现象的存在，他将被试分为一人组、二人组、三人组和八人组，然后要求每组被试都竭尽全力拉绳，其中每个被试拉绳的力量可以用灵敏的测力器来测量。从理论上讲，若被试单独拉绳时所发出的力量与集体拉绳时发出的力量相同，那么集体拉绳的合力就应等于每个人单独拉绳的力量总和。然而林格曼发现了有趣的结果：二人组拉绳的合力只是两人单独拉绳力量总和的95%；三人组拉绳的合力只是三人单独拉绳力量总和的85%；而八人组的合力则下降为八人单独拉力总和的49%。可见，随着集体人数的增加，个体所贡献的力量越来越少。林格曼的实验结果证实了人们的观察，事实的确如人们所注意到的那样：集体中的个体并非倾尽全力，他们都放松了自己的努力。

三、 实验研究

实验心理学经验观察的中心环节是实验研究。实验研究是科学研究的重要环节，任何严谨的实验研究都包含三个过程：提出假设、安排实验以检验假设、收集和分析实验数据。拉坦的研究亦是如此。拉坦及其同事（Latané，1981；Latané，Williams 和 Harkins，1979）首先着手开始进行一系列社会浪费现象的实验研究。为了确定观察结果的普遍性，实验研究往往要在不同情境下反复多次，在实验中就体现为选择更多的实验变量。与林格曼相比，拉坦的研究领域更广阔。按照他的系列实验研究结果，社会浪费现象不仅出现在拉绳实验中，还存在于其他诸多集体工作中；社会浪费现象存在于各种不同文化背景中（Gabrenya，Latané 和 Wang，1983）；他还发现社会浪费现象也存在于儿童中间。所有这些反复进行的实验观察，将最初的假设逐步确认为具有一定普遍意义的事实。

四、形成理论

然而实验研究的最终目的并非仅仅是确认事实，还要对观察结果进行解释和预测。拉坦（1981）在查阅大量文献及证实社会浪费现象的普遍存在之后，开始尝试解释社会浪费现象。拉坦认为，社会浪费现象是因为集体工作中的“责任扩散”引起的。具体而言，当人们独立从事工作时，工作责任非常明确地指向自己，因此个体理所当然地认为自己应当对所从事的工作负责；然而集体工作时，工作责任没有明确地指向自己，因此人们不会认为工作责任应当由自己承担，而是倾向于将责任感扩散到其他人身上。简言之，责任所涉及的人数越多，分担到每个人的责任就越少。而正是责任感的多寡决定着个体的努力程度。例如，当你孤身一人遇到有人需要帮忙时，你觉得义不容辞，因为当时只有你能帮忙；但是如果还有其他许多人在场，那么你可能就会感觉这不是自己的责任。

五、深入研究

拉坦提出的社会浪费理论是否正确呢？这就是科学的自

我校正功能所要负责的部分了。诚然，就拉坦此前在各种情境下的观察结果看，由社会浪费实验所总结出的责任扩散理论非常有效，它可以很好地解释社会浪费现象，并说明人们的社会行为。但是科学方法对理论的态度往往是谨慎的，研究者总是能找到更多更新的角度，不断考验理论的完整性和正确性。因此对于社会浪费的实验心理学研究而言，责任扩散理论的形成并非意味着研究的结束，恰恰相反，它只是更深入研究的开始。深入的研究有两种可能结果：其一，在新的情景下原先的理论仍然具有效力，这种结果将加强理论的说服力；其二，发现了原先理论失去预测力的情景，这将有助于人们理解理论的局限性。上述两种结果都在对责任扩散理论的实验检验中得到了体现，它们合在一起，为这一来自于实验心理学的理论提供自我校正的依据。

六、实际应用及理论校正

从支持理论的方面来说，美国曾面临“工作动力衰退”这个重大的社会问题，它极大地阻碍了社会生产的发展。尽管工作动力衰退有诸多复杂的原因，但社会浪费就是这种复杂社会问题中不可忽视的一个因素。马里奥特（Marriott，1949）发现，工厂中人数较多的大组工人的劳动生产率低于人数较少的小组，这是典型的社会浪费现象。因此，关于社会浪费问题的科学研究，尤其是消除社会浪费的科学研究都对该社会问题的解决有重要作用。

而从确定理论局限性的方面来看，威廉斯、哈金斯和拉坦（Williams，Harkins 和 Latané，1981）在责任扩散理论的基础上进行了更加深入的研究，结果发现社会浪费现象并不是绝对的普遍现象，也就是说社会责任并不一定随着群体人数的增加而扩散。如果在集体工作中不仅对集体作业绩效进行监测，还对其中每个个体作业绩效进行监测，如此一来个体就会竭尽全力。这种集体作业绩效与个体作业绩效同时监测的条件有效地唤起了个体的责任感，一定程度上防止了社会浪费的出现。更有趣的是，心理学家甚至还发现了与社会浪费截然相反的现象——社会促进（social facilitation），即指个体在群体中的工作绩效会显著高于单独工作时的绩效。我们很难简单地说社会浪费和社会促进究竟孰对孰错，最有可能的解释是它们全都反映了人类复杂的社会心理的一个侧面，而实验心理学的自我校正就是在这样的理论争鸣中获得持续的动力。

从上面的例子我们看到，实验心理学的研究经历了观察——查阅文献——实验研究——形成理论——深入研究——实际应用及理论校正的过程，而这就是科学工作的过程。毋庸置疑，实验心理学的方法完全符合科学方法所要求的特征。通过系统的经验观察，实验心理学能将人们对一般生活事件的简单兴趣转化为成熟的理论体系；而借由后继研究的不断深入，使起初尚不完备的理论得以自我校正而愈加周密严谨。

第四节　走出误区：实验心理学不是这样的

实验心理学的方法是科学方法，因而实验心理学具备科学的属性。这一事实为实验心理学，乃至以实验心理学为基础与核心的整个科学心理学研究，带来了持续发展的动力并不断取得荣誉。但是同时，实验心理学也因为自身的科学属性遭遇到所有自然科学面临的一些认识误区。一方面，正如街头巷议往往将“科学”当作终极真理的代名词，科学的实验心理学的功能时常被过分夸大，以至于人们觉得它应当能够解决一切难题；而在另一方面，正如总有人质疑艰深的量子物理究竟对人类的生活有何助益一样，实验心理学的工具价值也常常被人怀疑。

一、 实验心理学是万能的吗

是实验心理学让心理学迈入了科学的门槛，可以说，没有实验心理学提供系统、科学的研究方法，就没有心理学的今天。然而“科学”两字的桂冠有时伴随着过高的期望。尤其当心理学经历漫长的孕育终于凭借实验心理学走进科学的殿堂之时，人们很容易期盼实验心理学能够扮演救世主的角色，有意无意地扩大实验心理学的功用，期望实验心理学解决所有问题。这种实验心理学万能的思想，其实就是科学主义认识误区的翻版；虽然实验心理学效力无边的设想听上去很诱人，但这种观点却是有失偏颇的。

首先，科学方法本身都是有限的，因此实验心理学不可能是万能的。从物理学、生物学到社会学、历史学，没有任何一门科学能够独立于真实的世界之外，拥有好奇心的人类在漫长的进化过程中无时无刻不在探索，研究着周遭的一切，然而，任何科学的进展似乎都未达到止境，更无法超越世界本身。自然界总有一些悬而未决的问题，例如百慕大三角的不解之谜，神秘的UFO等等始终是人类面临的难题。再如人们对自身所处的宇宙的了解：从亚里士多德-托勒密的地心说到哥白尼-伽利略日心说的演化，再由牛顿万有引力说到爱因斯坦的相对论的发展，直到目前科学家对爱因斯坦将宇宙常数引入理论的做法是否恰当而争论……这个过程表明，每当人类如释重负地以为终于有一种可以穷尽的理论时，事实就会给出当头一棒。其实，这正是科学不断自我校正的过程，也是科学有限性的证明。

其次，心理学的学科特殊性更强调了实验心理学不可能是万能的。心理学以人为研究对象，试图观察、解释人的所思所行，而作为其研究对象的人不仅各有所思，而且每时每刻都会产生出不同的思想或行为。从研究对象而言，心理学似乎比生物学、物理学等科学面临更加巨大的考验。例如当拉坦对社会浪费现象进行研究时，他就面临诸多潜在的料想不到的问题：被试是否会出于意外知晓实验目的而故意制造尽力而为的假象？被试的情绪变化或者环境的微妙改变是否会造成某次实验的异常结果？诸如此类的问题是实验心理学力图控制、解决，然而又不可能完全消除的。此外，现实中有许多牵绊使得某些领域的心理学研究举步维艰。例如在有关人类伦理、道德、犯罪等方面的研究中，人类独有的私密感、自尊心、情绪变化等社会属性都会为此方面的研究带来很大阻力，试想，有谁愿意在实验研究中暴露自己的不良思想或丑陋行为？当然，实验心理学一直致力于消除这些影响实验有效性的不良因素，但是，面对千变万化，拥有复杂情感的人类，科学方法并不能完全得心应手。

二、实验心理学背离真实生活吗

虽然我们强调了实验心理学潜在的工具价值，但是实验心理学往往还是受到指责：人们认为实验心理学总是在实验室中研究问题，以至于逐渐蜕变成为背离真实生活的学院心理学。这个观点的前半部分的确符合事实——实验心理学的大部分工作确实离不开实验室情景，而实验室总是和真实生活有着很大的不同——这多半会与人们对心理学的期望相悖。但是从实验心理学离不开实验室这一事实，并不能推出实验心理学背离真实生活的结论，所以上述观点的后半部分是错误的。实验室情景虽然在表面上与真实生活迥然相异，但在本质上却为科学家提供了理想的、可控制的模拟现实。归根结底，人们之所以抱怨实验心理学背离生活，问题并不在于实验心理学本身，而是人们对它的期望不恰当。人们不仅期望研究能够带来立即投入使用的结果，还如西德曼（Sidman，1960）所说的那样，期望实验室研究情境与真实的情况尽量相似。然而实际情况是：实验心理学的研究情境不可能，也不必要与真实世界类似。

首先，实验室环境可以与真实生活不尽相同。心理学家所要研究的是行为的内在过程，而非外部环境，因此只要能够引发相同的内在过程，实验室的外部环境不必与真实生活相同。例如，心理学家想要调查空难发生的原因，是否就必须制造一次真实的空难？大可不必。心理学家旨在调查空难发生的内在原因，即飞行员或其他控制人员的注意失误，若能对他们的注意失误进行调查，就完全不必在意实验室的外部环境是否与真实空难相同。于是，心理学家让一些大学生坐在一组快速闪亮的灯前，要求他们只要看到灯亮就立即按下相应键，而按键快慢就是衡量个体注意状况的指标。心理学家通过操纵灯光闪亮的速度来制造与空难类似的内在过程，例如当灯光闪亮超过操作者的反应时，就产生了超负荷情况，此时研究的内在过程与空难发生情景非常相似，然而两者的外部物理情境全然不同。正由于不同的外部环境可以包含相同的内在过程，心理学家才得以在安全、简单的物理环境下精心地控制注意失误。而且，这种注意失误的实验结果还可以迁移，运用于一些工业事故发生原因，从而避免经济与生命损失。以上是外部物理环境不同但内在过程相似的例子，然而这并不意味着外部环境类似，内在过程就一定相同。例如经过训练的小白鼠也能学会用嘴衔起硬币，并藏在自己的笼子里，然而这种行为的内在过程与“守财奴”将钱藏在柜中的内在过程完全不同。因此，心理学研究者必须弄清楚每次实验的真实内在过程，才能够得到准确的实验结果。

其次，实验室研究有其优势。实验室研究可以与实际生活具有共同的心理过程，这是实验室情境可以与实际生活不尽相同的第一个原因，除此之外，实验室情境下的研究比真实生活中的研究更具优势（Mook，1983）则是第二个原因。

实验室研究的优势之一：实验室情境比真实生活更可控。以拉坦的社会浪费研究为例，如果该研究在真实情境中进行，它必然面临更多不可控因素，工资水平、工作安全等都可能意外地影响社会浪费效应，从而干扰实验的正常进行，或者影响实验结果的准确性；相反，如果研究在实验室情境下进行，研究者就能更好地控制实验条件，避免在其他无关变量对社会浪费现象的影响。可见，实验室情境的可控性不仅易化了实验操作，使其成为可能，而且使得实验结果更精确可靠。

实验室研究的优势之二：实验室情境得出的结果更具说服力。相对于简单的推理猜测，直观的数字、客观的结果显得更有说服力。例如一项实验结果表明，普通被试即使在完成相对轻松的亮灯按键任务时，也显得注意负担过重。如此，人们立刻就能想象当飞行员驾驶着大型客机穿梭往来于拥挤的航道时，他们必然处于极强的应激状态，注意强度异常之高。一个简单的实验结果所具有的说服力胜过任何形象生动的描述，这就是实验室研究的优势。

最后，实验心理学家并不会直接将实验室结论无限推广到真实生活中去。尽管实验室情景通常很好地模拟了真实生活中对应心理过程的本质，但是心理学家依然采取谨慎小心的态度，以避免万一。因此，实验室研究结果一般会在真实生活中加以验证，这一步骤彻底杜绝了实验心理学背离真实生活的危险。事实上，如果研究目标是验证某一理论假设，或者是用实验室结果去解决实际问题，那么实验结果就必须在真实生活中验证。以社会浪费研究为例，为了减少、解决实际工作中的社会浪费现象，拉坦等研究者在实验室条件下得出的结果——集体作业绩效与个体作业绩效同时监测的条件可以有效减少社会浪费，就必须预先在真实生活中进行小规模的验证。否则，直接将实验室结果大批量应用于整个社会生产就太过草率了。

实验心理学的特点确保它成为心理学研究的科学方法，通过简单的实例，我们可以看到实验心理学能够从系统的经验观察中发现事实、提出假设、验证理论。同时，我们不能因为实验心理学的科学属性而对它提出过高的要求，或以“无用”为由对其肆意批评。实验心理学和所有其他自然科学一样，首先是探索并逐步逼近真理的工具，其次才是为现实生活的应用提供基础。

第二章 实验心理学研究方法大揭密（Ⅰ）：非实验的方法

没有观察，就没有科学。科学发现诞生于仔细的观察之中。

——法拉第

实验心理学是用科学实验的方法，对心理过程，如感觉、知觉、注意、记忆、思维、想象以及语言等，进行客观和量化的分析研究。实验心理学并不像其他心理学分支以其研究的领域来命名，如生理心理学、认知心理学、临床心理学等，它是用其研究方法——实验法来命名的。可见，实验心理学本身就是一门非常重视科学研究的方法论的学科。而实验心理学之所以成为整个科学心理学的基础，也要归功于它对科学方法的重视。

实验心理学的方法有广义和狭义之分。狭义的方法主要就是指实验法。广义的方法则包括观察法、相关研究法和实验法。虽然实验法凭借其良好的可控性和可重复性位于心理学研究中最顶端的方法学地位，但是并非所有的心理学研究都需要使用实验法。事实上，在某些情况下非实验的方法由于更为简易，因此在课题探索的早期阶段、在研究那些用实验法无法实际进行研究或道德规范不允许的课题时，还是非常有用的。本章就将围绕这两种基本的非实验性研究方法——观察法和相关研究法进行介绍。

第一节 观其行，察其心：观察法

观察法是较为原始的一种心理学研究方法。顾名思义，观察法就是通过一定程序收集材料，以期获得描述性的数据来简化复杂现象的过程。一般来说，观察法最为简单和直接，通常也颇为有效，但其缺点也恰恰在于过于简单和直接。心理学研究中常用的观察法主要有三类：自然观察法、个案研究法和调查研究法。下面我们来分别看看这三种观察方法究竟是如何进行的。

一、自然观察法

自然观察法是对自然情境下的现象进行深入观察的一种方法。例如养鱼爱好者对鱼的观察就属于自然观察法。

1. 范例：新生儿测验

新生儿到底会做什么？从新生儿的行为中能看出什么？大多数人认为，婴儿的活动范围很有限。事实上，除吃奶、睡眠、排泄和哭泣外，婴儿可以做很多的行为，发挥所有的感觉；此外，婴儿还具有大量的复杂反射。布雷泽尔坦（T.B.Brazelton）及其同事（例如 Lester 和 Brazelton，1982）用了多年时间精心编制了一个量表，以评价新生儿在各种行为中的最佳表现。最初，该量表只能评价几种反射和行为（如抓握、眨眼等）。后来，经过对不同文化和背景中新生儿的反复观察，他们把量表修订得更全面了，所评价的反射和行为数量也多起来了。同时，量表的这种变化又促成了更多的研究成果。最后，布雷泽尔坦新生儿行为评价量表（Brazelton Neonatal Behavioral Assessment Scale）能够对 16 种反射和 26 种行为进行测量。假如布雷泽尔坦及其同事事先不做一系列的详尽观察，那么不仅建立评价量表不可能，而且进一步研究诸如此类的发展差异更不可能。这就是自然观察法应用于不同文化下人类行为的首次尝试。

2. 自然观察法的要点

进行自然观察时，有两个要点必须要注意，否则将直接威胁研究结果的可靠：

要点 1　确定界限

确定界限即明确所要观察的行为范围。因为观察时人们的注意范围和思考能力都很有限。尽管大多数人可以在同一时间里走走、停停，但是却无法同时注意并记住短时间内发生的 20 种不同行为。因此，观察范围上的限制迫使我们必须去计划要观察的东西。我们必须选择那些跟我们的研究课题密切相关的行为去研究。

要点 2　反应性

反应性则是指观察本身对观察结果产生的影响。例如，当我们用摄像机记录学生课堂学习的行为特征时，学生的正常行为肯定会被突然闯入的观察者打破，特别是当他们知道自己正被人观察，就很有可能装出一些“好”的课堂行为。这样整个观察结果就被“污染”了。要解决反应性的问题说来也非常简单：只要让被试不知道自己正在被观察就可以。具体而言，无干扰观察和无干扰测量都可以很好地避免反应性的干扰。

3. 自然观察法的特例

为了防止反应性对观察结果的干扰，研究者采用了无干扰观察和无干扰测量这两种自然观察法的变式。我们还是通过一些研究范例来了解它们分别是如何进行的吧：

特例 1　无干扰观察

想象你正打算问候远处走来的一位老朋友，突然发现有人举着摄像机对准你（见图 2-1）。对此，你会做出怎样的

图 2-1　有人在拍我

反应？你的问候方式很有可能因此发生改变。为了避免反应性问题，有研究者使用了一种带特殊镜头的照相机。该照相机能够拍摄与它成 90 度的被试，以致于被试以为正在被拍摄的是别人。通过使用这种特殊的摄像机，研究人员的打扰和被试的反应性就得以避免。这就是一个无干扰观察技术的范例。

另一个无干扰观察的特殊技术是参与性观察。顾名思义，在参与性观察中，观察者成了正在被观察的被试生活中的一名主动的和侵扰的参与者。例如，福西（1972）耗费大量时间对山地大猩猩的观测。为了防止自己的出现对大猩猩正常行为的影响，福西决定做一名参与性观察者。福西装成大猩猩的模样出现在它们面前，并尽量模仿大猩猩的行为，比如吃食、修饰、神秘地喊叫等，以使得这种不温顺的动物习惯于她的到来。正如她自己所说的："我就像傻瓜一样，有节奏地拍打自己的胸脯，或坐在那儿装模做样地大嚼野芹菜的茎，仿佛它是世界上最好的美味佳肴。终于大猩猩们作出了善意的回报。"（坎特威茨等，2001，29 页）福西花费了几个月的时间才赢得大猩猩的信任，后来她始终与山地大猩猩生活在一起做着参与性观察研究，直到 1986 年去世为止。

特例 2　无干扰测量

同无干扰观察相反，无干扰测量是由对行为的间接测量构成的。无干扰测量之所以间接，就在于它测量的是行为结果，而不是所要研究的行为本身。因此，无干扰测量，不是直接观察正在发生着的行为，而是测查行为完成后的结果，例如不是直接观察正在进行着的学生学习活动，而是检查学习后的作业；不是与大猩猩一起生活，而是查看它们的活动对环境造成的影响。由此可知，无干扰观察与无干扰测量之间的关键区别在于是否被试与研究者在同一时间处在同一地点。若处在同一地点，研究者就试图无干扰地观察被试的反应；若不处在同一地点则研究者间接测量被试的行为产物或结果。

虽然无干扰测量并不一定适合所有的研究问题，如很难对问候朋友的动作进行无干扰测量，但对某些研究问题而言，这种测量或许是唯一可行的方法。例如要研究公共厕所里的乱涂乱画现象（见图 2-2）就只能采用无干扰测量对涂鸦的产物进行研究，否则当研究人员在厕所里东张西望地观察进去的每一个人，势必引发一系列严重的道德问题。金塞、波默罗伊和马丁（1953）就采用无干扰测量的技术发现，男厕所里的涂画主题比女厕所里的更富有色情味，并且也更多。最近，心理学和人类学领域进行了一项广为人知的

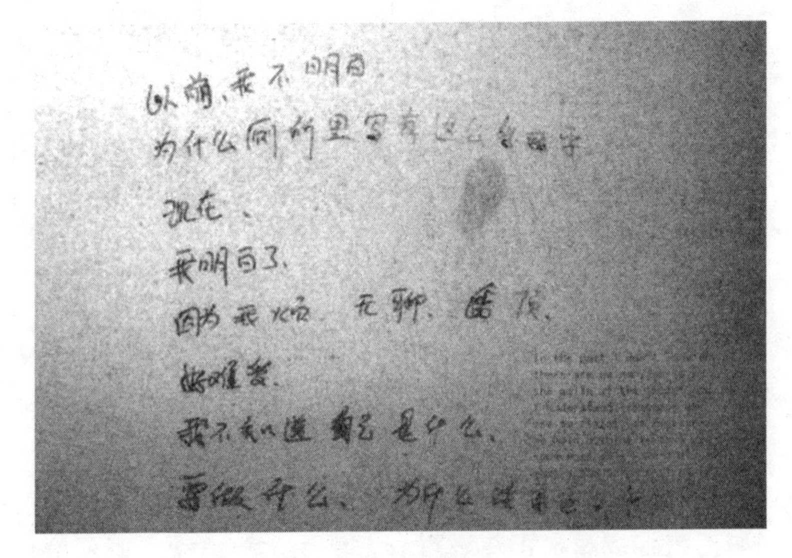

图 2-2　厕所涂鸦

http://life.news.tom.com/1013/2005823-13352.html

无干扰测量，即研究被人们抛弃的垃圾和废物。研究者试图从废弃物的特征上判断其废弃行为背后的问题（例如，废弃的酒瓶或情书很可能会暴露一些行为的信息）。

二、个案研究法

个案研究是自然观察法的一种变式，它是指对某种类型单一案例（如神经病患者、招魂的巫师、等待世界末日来临的人等）的深入调查。我们知道，弗洛伊德的精神分析理论就来自于他本人对个案的观察和思考。

1. 范例：灾难的预言

费斯廷格、里肯和沙赫特（1956）就进行过有趣的个案研究。他们混入了一个等待世界末日来临的小团伙。该团伙的成员始终期盼着与外星人联系，而且据说有一个成员已经接到了外星人的谕示——地球即将毁灭，因此团伙里的每位成员都等待着在灾难降临之前能被外星人的宇宙飞船救走。观察中特别令费斯廷格等感兴趣的是，当预期的灾难没有发生时，这个小团伙会有什么样的表现。研究者通过观察发现，许多成员在预言的灾难日期过去后，妄想程度仍在增强而不是减弱。

2. 个案研究的特例：变异—个案分析

个案研究是自然观察法的一种，因此也必然具有自然观察法的优缺点。其中一个主要的缺陷是，个案研究通常无法作出因果推论。一般来说，个案研究能够描述事件的发生过程。除此之外，它还能提供含蓄的比较，据此研究人员可以对“什么因素引起什么结果”进行合理的猜测。例如，假设你是一名心理咨询师，有位30岁的女士来找你，说她平均每天要洗澡六次以上，彻底打扫住房两遍，此外，还每小时大约要洗手三次。在追溯其生活史时，你发现她小时候曾经接受过严格的卫生习惯的训练。这时，你是否能做出结论，认为她强迫性洁癖的根源在于童年的苛刻教养方式呢？事实上，这一结论还需要进一步验证，因为我们根本不知道，假如鲁思幼时生活得很普通的话，她会成为一个什么样的成年人。

假如这位女士碰巧有一个双胞胎姐姐，而由于某种原因姐姐并没有接受苛刻的教养方式。最后，妹妹患有强迫性洁癖，而姐姐则很正常，那么对其强迫症根源的因果推断就相对更容易成立。这种个案研究类型就是变异个案分析，使用这种方法时，研究者需要两个既极其相似又略有不同的个案。例如，一对双胞胎兄弟，其中一个是强迫性洁癖，另一个则不是。通过对这两个个案的仔细比较，研究者就能推断两者出现差异的原因。

图 2-3 洗澡的备忘录

http://life.news.tom.com/1013/2005823-13352.html

巴特斯和塞尔马克（1986）就曾经采用变异—个案分析的方法进行因果推断。他们研究的个案是世界著名科学家P.Z.。这位科学家在自传出版两年后患上了严重的记忆丧失（见图2-3），表现为不记得自传中的人名和事件。研究者找来了一位与P.Z.同年龄的同事，作为变异—个案分析的比较对象。比较的结果发现，P.Z.及其同事在各方面都很相似，唯一不同的是P.Z.长期酗酒，而其同事没有酗酒史。鉴于此，研究者认为长期酗酒是导致P.Z.丧失记忆的一个重要因素。

事实上，这类比较通常是无法进行的，因为仅仅在一个因素上存在差异，具有可比性的个案相当少。此外，从个案研究中得出的任何结果都不可能是牢靠的或建构良好的，因为研究人员向来无法确定，他们是否真地识别出了导致结果差异的那种关键性因素。

三、调查研究

调查研究在心理学的某些领域中比较常用，例如，工业或组织心理学、临床心理学、社会心理学等。但在认知心理学中几乎未被使用过。由于调查研究可以利用准确的取样技术，因此，使用时只需调查较少的被试就能把结论推广到整个总体上去，这是调查研究的一个长处。

1. 范例　2005年中国城市及生活幸福度调查

2005年，中欧国际工商学院进行了一次“2005年中国城市及生活幸福度调查”。研究者采用电话访问和网络问卷的方式，对中国市民的主观幸福感进行了调查。结果表明：

第一，与生活幸福度关系最大的因素是是否拥有自己的房产，其次是是否有固定的工作。这是在已经控制了诸如收入、资产、年龄、教育等诸多因素后的分析结果。这可能是由于一个人如果有了自己的房产或者有了稳定的工作，心里就会感到安全。

第二，绝对收入越高的人越幸福。但是在控制如资产、相对收入等变量以后，绝对收入与生活幸福度的关系就变得不显著了。而相对收入与生活幸福度的关系仍显著。相对收入指的是个人与周围人之间的收入差距。举例来说，周围人的平均收入是 1 000 元，而你的收入是 1 100 元，就要比那些周围人收入是 5 000 元，而你的收入是 4 900 元的人幸福。

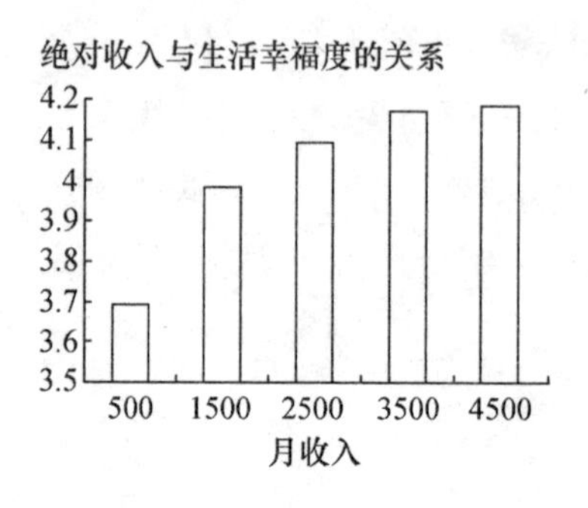

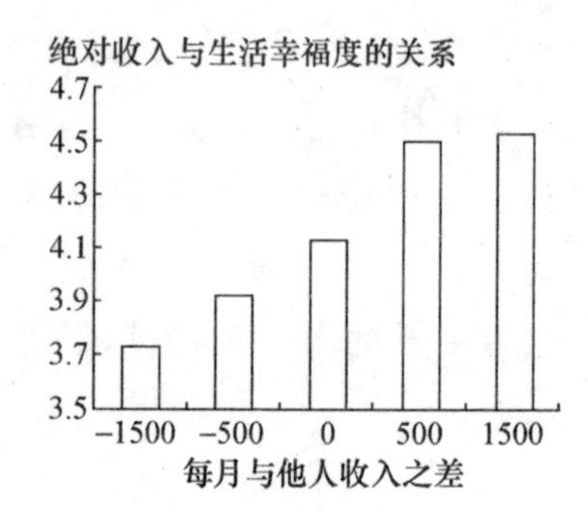

图2-4 绝对收入、相对收入与生活幸福度的关系

第三，国外有研究表明，已婚人士往往比未婚人士幸福。但是如果同时考虑婚姻状况和性生活状况的话，该研究发现，性生活状况对生活幸福度的影响比婚姻状况对生活幸福度的影响大。

第四，越是注重物质和面子的人越是不幸福。

这次研究就是调查方法的一个例证。需要注意的是，这种调研只能测量变量之间是否存在相关，而不能确定它们之间的因果关系。比如，在上述的性生活和幸福度的关系中，我们不能确定到底是更多的性生活能使一个人更幸福，还是更幸福的人会有更多的性生活。此外，调查研究虽然具有数据收集简易的优点，但是由于抽样和社会矫饰等问题，常常影响结果的真实性和生态效度。例如，这次研究中可能由于访问网站的大多数是女性，也可由于女性更有耐心填完整个问卷，因此样本中90%以上填写完整的问卷来自于女性。研究者最后只使用了女性样本。因此研究结果是否能代表男性的反应，还是个问题。

2. 对调查研究的评价

与观察法其他的各种形式相比而言，调查法有一些优势。首先，在一定程度上可以根据研究的需要自主选择被试，这样可以防止被试特征作为额外变量混淆实验结果。其次，专业化的测量量表，由于对测试的指导语、施测程序、施测时间、施测地点都有标准化的控制，所以很容易重复。其三，有利于进行自变量和因变量间的关系分析。比如：要研究经历地震对人精神状况的影响，就可以在地震事发后，对幸存者进行问卷调查，让被调查者报告其自身的精神状况，如果要求对调查过程进行进一步的控制，则可以使用各种专业测量量表（如MMPI）进行施测，将所获得的数据和量表的常模进行比对，以考察地震对人精神状况的影响。

但是，作为观察法的一种形式，通过调查法得到的结果同样是描述性的，不能完全解释事物间的因果关系，而且由于研究者在获取调查资料时必定会侵扰被试，因此被试的应答总会不可避免地存在反应性问题。调查法的其他局限则通过以下的这个例子暴露了出来。萨斯曼等人（1993）运用自然观察法研究了青少年的吸烟问题。他们的观察结果与早期的结论有很大的不同。早期的调查表明，吸烟发生在小团体中，而且半数成员认为他们之所以吸烟是因为团体中的其他人主动提供香烟并胁迫他们的缘故（Hahn等人,1990）。后来，哈恩（Hahn）等人的发现导致了名叫《试着说“不”》教育专栏的诞生，以鼓励青少年拒绝吸烟。但在无干扰观察中萨斯曼及同事注意到，青少年常常主动要香烟（见图 2-5），很少发生被给烟的事情。此外，香烟也很少被提供给团体中的不吸烟者。总之，哈恩的调查结论是吸烟起因于同伴的压力，而萨斯曼等人的无干扰观察却对其提出了疑问。最后，萨斯曼及同事提出，应该去探索能取代《试着说“不”》的新栏目。

图 2-5　哇,我要和你一样,给我也来一根吧
http://www.70821.com/manhuadetail/1025.html

四、对自然观察法的评价

1. 优点

正如前面已经提到过的，自然观察法在研究的早期阶段

非常有用，尤其当人们只想了解感兴趣问题的广度和范围时，这种方法就更为有用了（Miller, 1977），然而，它基本上是描述性的，无法让人们对各因素间的关系作出推论。当然，在无法使用控制严格的观察法时，也只得使用它了。如果你想了解企鹅在其天然栖息地的行为规律，就只好亲自到那儿去观察了。同样，对大多数心理学方面的问题来说，自然观察法的主要用途在于，限定问题的范围，以及为严格控制的研究，尤其实验研究，提供有趣的课题。例如，洛夫莱斯、图伊格（1990）和莫斯科维奇（1982）曾经报道过的那些研究就可引出控制严格的进一步的实验研究，以便于比较使用各种外在记忆手段的老年人，并最终确定哪一种手段更有效？此外，费斯廷格及其同事对等待世界末日来临的小团伙的个案研究也起到了这个作用，它促进了费斯廷格认知不协调理论的形成。认知不协调理论是关于态度改变的学说，也是指导社会心理学研究的一个相当重要的学说。

2. 缺点

自然观察法的首要缺点是，其描述性致使无法评估事件之间的关系。研究人员也许会观察到野外猴子修饰行为的次数及发生在修饰之前的五个重要条件（比如吃食等）。如果你想确切知道，到底哪一个先行条件是修饰行为所必需的，那么自然观察法就无能为力了，因为它无法操纵这些先行条件。也正因为如此，人们需要实验。

自然观察法的第二个缺点是，有时它所提供的资料不太充足。从理论上讲，如果有人怀疑或想重复某些观察结果的话，只要运用标准程序就应该能够很容易地再现它们。然而许多自然观察（比如个案研究）的结果是无法再现的，故而引来了其他研究人员的怀疑。

自然观察法的第三个缺点（也是经常出现的）是，它没有被严格地维持在描述的水平上，却经常出现对观察结果的解释。动物研究中，该问题表现为拟人化，即把人的特征强加到动物的身上。比如，你回到家，看见你的狗摇着尾巴围着你转时，你会自然而然地说，它见到你很高兴。这就是拟人化的说法。如果研究者也以这种态度观察，那就很不合适了。研究者进行自然观察时应该做的是，记录狗的外显行为，并尽量不用诸如快乐、悲伤、饥饿等潜在动机来解释它们。

比如，弗洛伊德的理论就来自于他对观察事实进行了主观解释的个案研究。除了不可重复外，人们还对弗洛伊德的个案研究提出了另外的批评：即，弗洛伊德只是从案例和患者的回答中挑选自己需要的信息；然后，再把这些“事实”编制到自己事先设计好的概念体系中去。批评家们还指出，如果这种做法被允许，那么个案研究可以用来证明任何理论（当然，这并不是贬低弗洛伊德本人的天赋及其理论的创造性成分；然而他确实在赖以建立其理论体系的证据上给批评家们留下了把柄）。

第二节　慧眼看关系：相关研究法

相关研究法比简单的观察前进了一步，它能够描述两个或多个变量之间共同变化的关系。所有的相关研究法都是先收集观察资料，然后再计算相关系数。相关系数表示两个变量或测量数值之间的关联程度。从控制、经验测量和统计分析的角度看，相关研究比我们前面讨论的观察法要严格一些。为了理解相关研究的意图，我们先对相关研究的一些基本因素进行探讨。

一、相关系数及其应用

相关研究法通过相关系数这一指标来描述变量之间的关联程度。相关系数的变化范围从 –1.00 到 +1.00。相关系数中的数字大小表示两个变量之间相互关联的程度（较大的数字反映了较大的相关），而符号则表示相互关联的方向，或正或负。

正相关代表两个变量变化的方向一致，共同进退。比如，我们人的身高与体重一般成正相关；也就是说人越高，其体重也就越重。而负相关则代表两个变量变化的方向相反，此消彼长。比如，在炎热的一天饮水量与干渴程度是负相关的关系；也就是说喝的水越多，干渴程度越低。

我们已经知道，相关系数可以是正值也可以是负值。那么我们究竟可以根据相关系数说明什么问题呢？

1. 高相关不一定能推断因果

要记住的是，一个相关系数只告诉了我们两个变量的相关程度。由于这两个变量并不由我们直接控制，我们仍然无法下因果关系的结论。简单的说，相关关系不是因果关系。也有可能涉及第三个变量。我们先来看几个例子：

研究一　澳大利亚多建电话亭，美国人就会多生宝宝？

有研究计算了“二战”后的十年内，每年在澳大利亚建起的电话亭数量与美国每年的出生率之间的关系，结果呈现出很高的正相关。假如根据这里的高相关来推断澳大利亚电话亭和美国出生率之间的因果关系，显然很荒谬。实际情况很可能是存在第三个变量，也就是经济发展水平，即“二战”后世界经济状况大大好转促进了工业发展（澳大利亚电话亭的增加）和人们对家庭的向往（美国出生率的提高）。

研究二　鹳可以带来婴儿？

在德国汉堡实施的一项研究表明，很多年来，城市中鹳巢的数量一直与出生的新生儿数量存在很高的正相关。也就是说，鹳巢的数量越多，新生儿的数量也就越多。很明显，民间流传的关于鹳可以带来婴儿的说法是不正确的，虽然确实观察到了这种现象，但二者间并没有直接的因果联系。实际上这种相关存在的原因可能是这样的：鹳习惯选择烟囱筑巢，而烟囱的数量随着人口的增加也在增加，所以是这种奇妙的潜在联系导致了高相关。这个例子中的相关也是由于存在第三个变量——烟囱。

研究三　枪多了，谋杀案也就多了？

有研究表明，一个地区的枪支拥有量与该地区谋杀案的发案率成正相关。基于这种相关有些人认为，枪支拥有量导致了谋杀案的增多，并进而提倡限制枪支的买卖。实际上也有可能是反向的因果关系，也就是谋杀案的增多提升了枪支拥有量，即居住在高犯罪率社区的人们为了自我保护而购买枪支，才出现了上面的相关。此外，还有可能是诸如社会阶层、经济地位等因素导致了高犯罪率和枪支高拥有量。

由此可知，相关系数标志的是两个变量之间相互变化的双向关系，因此不能根据相关，哪怕是高相关，作出单向的因果推断。

但是，在某些情境中，相关系数却有着巨大的解释力（推断因果关系的能力）。比如，在几种相互抗衡的解释中，如果高相关支持了某个解释，同时否决了其他根据混淆因素作出的解释，那么此时的相关系数就拥有了较大的解释力。

图 2-6　看来下次我也要弄把枪来保护自己了
http://eby.cc/Pic/Pic4379.htm

研究四　吸烟导致肺癌？

很多研究都发现，吸烟与肺癌之间存在高相关。根据这个相关系数，我们可以做以下三个推断：推断一，吸烟导致肺癌，即吸烟者由于长期吸入烟草中的有害物质，而导致体内产生致命的癌细胞（见图 2-7）。推断二，肺癌导致吸烟，即患肺癌后人们会去吸更多的香烟，以抚慰肺脏。推断三，肺癌与吸烟之间的相关是由人格差异引起的，比如某些人格类型容易产生吸烟行为和罹患肺癌。在这三种推断中，由于后两种解释缺乏合理性，因此第一种推断更倾向于被大多数人和权威接受，也就是说这种情况下，利用吸烟和肺癌之间的高相关，进行了吸烟导致肺癌的因果推断。事实上，美国公共卫生局正是在烟草制造商的抗议声中发表的推断一，认为吸烟可能会引起肺癌。这一结论使得烟盒印上了相应的警告语，而且还禁止在电视和其他媒体上做香烟广告。

图 2-7 吸烟就像慢性自杀
http://www.zh114.cn/commercehtm/2005-6-1/200561114439.htm

2. 低相关不一定说明没关系

说到这里，你可能会想，即便高相关不能被当作某类因果关系的证据，但是当两个变量之间相关很低时，总可以说它们之间不存在因果关系吧。假如，头颅大小与 IQ 之间的相关是 –0.02，是不是就能说明脑袋大小和聪明与否没有关系呢？我们的回答是，有时候在某些特定的情况下，可以这样做；但要注意，其他因素也会引起低的或零的相关，而且还会掩蔽变量间的真实关系。

常见的一个问题是全距限制。我们还是先来看一个例子：

研究五 高考分数和未来成就没有关系？

假设有一项为期 15 年的追踪研究，在 1990 年抽取了 100 名华东师范大学大一新生，记录下他们的高考分数，然后在 2005 年测量了这 100 名被试的成就水平。结果发现当年的高考分数和 15 年后的成就水平之间相关非常低，仅为 0.07。这是不是就说明高考分数对未来成就的预测能力非常低，或者就此得出结论，利用高考分数来筛选人才是错误的呢？

然而事实并非如此，这一研究的症结在于全距限制问题。为了能够计算出真正有意义的相关系数，要求每个变量内各个分数之间必须有足够大的差异，数值之间也必须有显著的分布跨度或变异性。而在这项追踪研究中，所有被试均为已经考上大学的学生，他们的高考分数之间差异不大，不能够代表所有高考生。如果考生是随机抽取的，包括录取和未录取的考生，那么高考分数与未来成就之间的相关可能会更高。

在解释低相关时还会遇到另一个问题，即人们常常想当然地认为所用相关系数的前提假设已经被满足了。不然，既不该用它，也会导致对相关的虚假低估。例如，皮尔逊 r 的前提假设是，两个变量之间必须呈线性关系（可以用一条直线来描述），而不是曲线性关系。但现实生活中曲线性关系比比皆是，比如年龄与记忆力之间存在倒 U 型关系（见图 2-8）。因此，虽然人们可以根据年龄相当准确地预测出词汇回忆量来，但皮尔逊 r 却很低。这里的低相关仅仅是由于相关系数所依据的前提假设没有被满足。

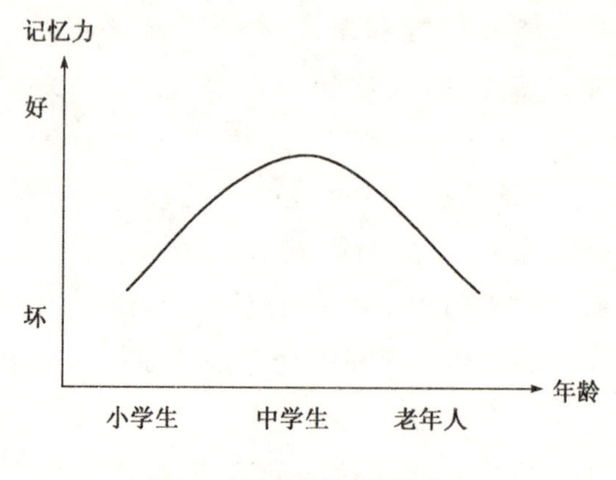

图 2-8 年龄与记忆力的关系

二、相关法的改进——交叉-滞后法

相关法的优点在于可以显示变量间的共变关系，从而提示研究者注意到各种现象间可能存在的因果关系。但是由于其方法学特性，决定了它无法确定因果关系的方向。改进这一缺点的方法之一是利用交叉-滞后法（Cross-lagged method）。即，首先获得随时间变化的若干相关系数，然后依据这些相关系数的大小和方向，确定是什么因素导致了什么结果。该策略能让相关法的研究结果逼近因果关系解释。

下面以一个例子说明交叉-滞后法的运用。埃伦、休斯曼、莱夫克威茨和沃尔德（Eron，Huesmann，Lefkowitz 和 Walder，1972）曾经测量了儿童对暴力性电视节目的爱好及其被同伴评价的攻击性，发现中等程度的正相关（r = +0.21）。然而到底是观看暴力性电视节目导致了更多的攻击性，还是更多的攻击性导致了对暴力性电视节目更大的喜好？或者很可能第三个变量才是真正的原因？为了确定变量间相互影响的方向，埃伦及其同事对同一组儿童进行了为期十年的追

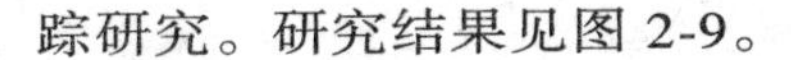
踪研究。研究结果见图 2-9。

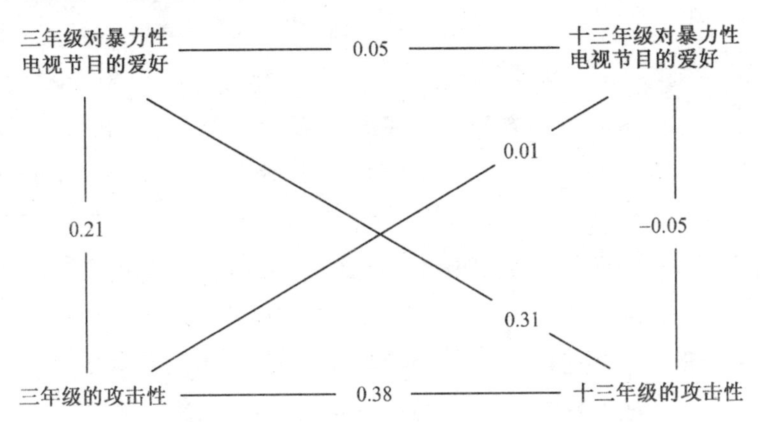

图 2-9　对暴力性电视节目的爱好与攻击性行为之间的相关系数
（采自 Eron，Huesmann，Lefkowitz 和 Walder，1972）

图中连线上的数字表示对暴力性电视节目的爱好与攻击性行为之间的相关系数。我们主要讨论的是对角线上的两个相关系数，即交叉-滞后相关系数。三年级的攻击性与十三年级对暴力性电视节目的爱好之间基本上没有关系（r = +0.01）。然而，三年级对暴力性电视节目爱好与十三年级的攻击性之间却存在着相当显著的相关（r = +0.31）。因此，这两个变量间因果关系的方向似乎是，三年级时喜欢看暴力性电视节目导致了后来的攻击性行为。

交叉-滞后技术虽然为相关研究中因果关系的解释提供了一种思路，但仍然不能根据这种方法的研究结果作出确切的因果判断。因为这一技术还是在首先假设两个变量间存在因果关系的情况下，来进一步断定因果关系的方向；如果这两个变量其实没有因果关系，比如它们同时受第三个变量影响，那么交叉-滞后技术所确定的影响方向是没有实际意义的。总之，相关法的价值在于揭示某些令人感兴趣的变量间的相互联系，而对这些联系的深入研究往往是由实验法来完成的。

在转入下一章之前，让我们再总结一下上述的讨论。至此，我们知道，各方面都优越的研究方法是不存在的。要想研究工作令人满意，关键是要选择最适合于被检验假设的研究方法。如果理论假设是关于自然情境中发生的行为（不论它是关于热带丛林中灵长类动物的修饰活动，还是公共厕所墙壁上的乱涂乱画现象），那么自然观察法将比严格控制的实验研究更合适；相反，如果理论假设能够通过相关法或者实验法合理地验证，那么就该运用实验研究的方法，至于其中的种种理由我们已经在本章中全面地讨论过了。下一章我们将讨论一种很重要的科学方法——实验研究法。

第三章　实验心理学研究方法大揭密(Ⅱ):实验变量和控制

观察是被动的科学,而实验是主动的科学。

——CLAUDE BERNARD

实验方法是心理学研究的主要方法。自然观察只能等待所要观察的现象出现时才能进行，或只能对已有的事物进行观察；而实验法则是在研究者主动控制条件下，对事物进行观察。通过实验法，我们就能够对所观察的现象进行因果推断。那么究竟什么是实验法呢？我们先来看一个例子。

假设你是一个在上实验心理学课的学生，要做一份作业。作业的要求是，去图书馆抢占一张桌子（见图 3-1），并且抢到空桌子后还要通过非言语、非暴力的手段尽可能地阻止其他人坐下来。想想看，你会怎么做？你也许会在找到一张空桌子后，把书、水杯、衣服等东西都摊在桌子上，结果15分钟后，还是有人坐在了你的旁边，这时占位结束了。那么请问，你所完成的这份作业是实验吗？

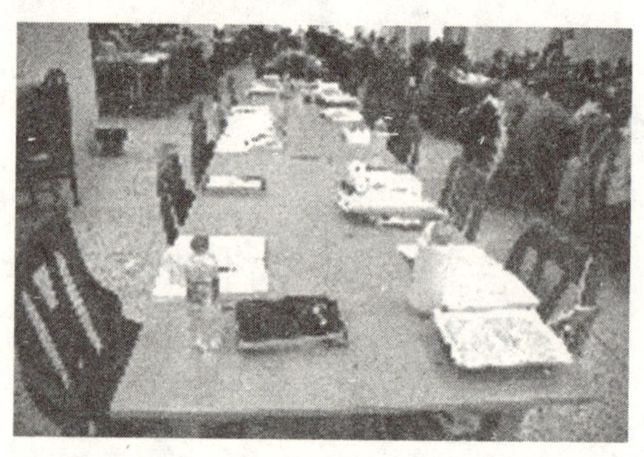

图3-1 图书馆占位

在回答这个问题之前，让我们先概括一下实验的主要标准，前言中我们曾经提到过，实验是有控制的观察。因此，当我们操纵环境，然后观察变化，就发生了实验。按照这个标准，图书馆里的所作所为并不能构成一个实验。因为，它只有观察，并没有操控。

那么，怎样改变才能使其成为一个实验呢？最简单的方法是再次坐下来，但这次不将东西摊在桌子上。这样，我们就可以对两种情况进行比较了：东西摊在桌子上与桌子上不放东西。这个实验可能有三个结果：（1）东西摊在桌子上，致使没有人来坐的时间更长；（2）两种情况下时间一样长；（3）东西摊开的情况下，时间更短。可见，如果没有操控，我们就不能对两种不同条件下的占位情况进行比较，也就不能得出铺放私人东西对抢占图书馆桌子是否有效的结论。

与其他研究方法相比，实验的主要优点在于能够进行因果推断。理想的心理学实验通常是，除了要研究的这一变量，不允许任何其他因素（变量）来影响结果。用实验心理学的术语来说，就是其他因素都受到控制。因此，从逻辑上我们就可以认为，结果的任何不同都是由我们所要研究的这一变量引起的。比如，在图书馆抢占桌子的实验中，我们让桌上摆放或不摆放物品。同时，确保其他条件都一样，比如两次观察的时间尽量接近，所占桌子的大小一样等。那么，当两次观察到的占位时间不同时，我们就能够推断，这是由于是否摆放物品会导致不同的占位时间。

实验的另一个优点是经济。运用自然观察法时，观察者必须很耐心地等待所要观察的情况出现。如果你现在处于冰天雪地的哈尔滨，但却想研究气温会否影响人的攻击行为。那么只靠太阳产生高温就需要极大的耐心和时间了。但如果实验者通过创设感兴趣的情景来控制环境，比如直接到可以控制室温的实验室里，那么就可以迅速有效地获得数据。

第一节 构建实验的基石：变量

在进入对实验法的分析之前，让我们先来看看变量。变量是使实验运转的嵌齿和齿轮，它是指至少有两种取值的事件或行为。比如，温度、高度、重量、光照情况、市区的噪音水平、焦虑、自信、某一测验的成绩以及其他许多事物都可以归入这一范围。好实验与差实验的区别就在于变量的有效选择和操纵。在实验开始前必须要对三种变量进行慎重的考虑，这三种变量分别是：自变量、因变量和控制变量。

一、自变量

在实验中实验者所操纵的、对被试者的反应产生影响的变量称为自变量（independent variable），它是实验的核心特征，实验之所以成其为实验，就在于它至少有一个自变量，而这一个自变量中又至少有两个水平。

以图书馆占位的例子来说，是否把东西摊在桌子上就是一个自变量。研究者通过改变自变量来影响被试的反应，自变量至少有两个水平，比如上述实验中自变量就包括了摆放物品和不摆放物品这两个水平。在心理学实验中实验者所用的自变量有睡眠剥夺、温度、噪音水平、药物类型（或用药量）等等。要将所有可能的自变量一一列举是相当困难的，但自变量可以大致分为以下几类：

1. 生理变量

当实验中被试所参与的处理改变了他们正常的生理状态，那么该实验所采用的便是生理自变量。例如，堪萨斯州恩波里亚的恩波里亚州立大学的学生 Susan Nash（1983）从动物供应商那里购得几只怀孕的老鼠。当它们被送到实验室时，Susan 将它们随机分到两个处理中，一半的老鼠在怀孕期间喝酒精和水的混合物（见图 3-2），另一半老鼠饮用普通的自来水。前一组老鼠产下小老鼠后，Susan 让它们改喝普通的自来水。这样，有些新生小老鼠在母鼠妊娠期接触到酒精，而另一些新生小老鼠则未接触到酒精。当这些小鼠成年后，Susan 测试了它们的酒精偏好，结果发现在母鼠妊娠期间接触到酒精的小老鼠（生理自变量）成年后饮用酒精的量更大。Susan 因这项研究获得了 1983年 J.P. Guilford-Psi Chi 国家大学生科研奖。

图 3-2　喝酒的老鼠
http://www.71668.com/mm/5uwl/2006771729.html

2. 经验变量

当研究关注的重点是先前的训练或学习所产生的效果，此时研究者所用的是经验自变量。例如，Boice 和 Gargano（2001）研究了在回忆时给出相关线索的多少对被试记忆列表中项目的作用。有些被试在回忆时未得到任何线索，另一些被试则得到八条线索。这里，线索的数量就是一种经验自变量。结果表明，在某些情况下，得到八条相关线索的被试，事实上在记忆任务上的表现反而没有未得到线索的被试好。

3. 刺激变量

有些自变量属于刺激自变量或环境变量的范畴。当研究者们使用这类自变量时，他们操纵的是环境的某些方面。例如，Walter 和 Brownlow 等人（1998）要求 144 名大学生分别描述赤脚和穿高跟鞋的女性的特质。这里的刺激变量是赤脚或穿高跟鞋。结果显示，这些学生认为赤脚女性更性感，但是穿高跟鞋的女性更顺从。

图 3-3 穿高跟鞋的女人更性感?
http://www.tswomen.com/lxss/liuxfs/fushi/200508/1108.html

4. 被试变量

被试者的特性因素如年龄、性别、健康状况、智力、教育水平、人格特性、动机、态度、内驱力等都可能影响对某种刺激的反应，这些因素统称为被试变量（或受试者变项）(subject variable)。在这些被试者变量中，有的是实验者可以主动操纵加以改变的，例如内驱力强度可以用禁食或禁饮的时间来加以操纵，而有的则是不能主动操纵的，只能进行测量，例如智力、教育水平、自我强度等。被试者本身固有的、实验者不能加以操纵使其改变的特性称为本性变量（或属性变项）(attribute variable)。

在某些情况下，研究者把几个不同的自变量当作一个复合自变量（complex independent variable）来操纵，以确定它们的综合效应。例如，有些学校为提高学生的学习成绩进行实验，采取了一系列的教学改革措施，如使用新的教材、加强课堂管理、奖励成就等。假定这些措施确实提高了学生的学习成绩，那我们是不大可能鉴别出哪一个自变量在起什么作用的，或许其中只有一种措施才真正起作用，但设计这种实验的目的并非要鉴别出某个变量的作用，而是考察其综合效应。因此，只要研究者不对复合自变量作出分析性结论，这类研究无可厚非。由于复合自变量更接近日常生活实际，并能解决某些实际问题，因而常被研究者所采用。

二、因变量

因变量（dependent variable）是由操纵自变量而引起的被试的某种特定反应，即随着自变量的变化而变化的被试行为。研究者在实验中就是要对因变量进行观察和记录。在图书馆这个例子中，其他人何时坐下，即占位时间就是因变量。它会随着桌子上是否摆放了物品而变化。

为了让实验结果更具科学性，研究中必须要选择恰当的因变量。在这个过程中，量程效应可能会造成潜在的威胁。量程效应包括天花板效应（ceiling effect）和地板效应（floor effect）。这两种效应是指反应指标的量程不够大，而造成反应停留在指标量表的最顶端或最低端，从而使指标的有效性遭受损失。

先来看一个天花板效应的例子。假设有研究者想比较游泳和跑步的减肥效果。于是找来两个肥胖的人作被试，首先用台秤称他们的体重，发现两者的体重都正好是300磅。然后，两个被试开始减肥计划，一个通过跑步减肥，另一个游泳。几个月后，两个人又一次用同一架台秤称体重，结果发现两者的体重都是 250 磅。研究者认为两人都减重 50 磅，因此断定跑步和游泳的减肥效果一样好。但是研究者忽视了一个严重的问题，那就是它所用台秤的量程是 0—300 磅，超过 300 磅的就不能称出确切的体重。如果事实上两个被试，一个重 300 磅，另一个重 350 磅。通过跑步减肥的被试减重 50 磅，而通过游泳的被试就应减重 100 磅。由于两个被试的体重都已经到达了反应指标量程的最顶端，致使他们各自的减肥效果没有真正地体现出来。这就是一个天花板效应的问题。

图 3-4 “重不堪言”的体重秤
http://www.achina.at/htmmal/mals1.htm

再来看一个地板效应的例子。假如你教一个动作不太协调的朋友打保龄球。你认为奖赏可以提高作业水平，因此每当他打一个全中你就为他买一杯啤酒。然而你的朋友将球都扔到沟里去了。这样，你不能提供奖赏了，而且你还预期他的作业水平会随着练习次数的增加而降低。但由于再没有比沟里球更低的水平了，所以你观察不到成绩的任何下降，此时你朋友的作业水平已经到了反应指标量程的最底端。这就是地板效应。

天花板效应和地板效应都阻碍了因变量对自变量效果的准确反映，因此在选择反应指标时应努力避免。谨慎的做法是在正式实验前进行预备实验。假如在预备实验中发现被试的反应都接近量程的顶端或底端，那么实验任务就需修正。例如，所有人在记忆测验中都接近满分，那么就应当适当增加测验的难度。设计实验任务和反应指标的指导思想是，应使被试的反应情况分布在指标量程的中等范围内。那么，操作自变量时，被试反应水平的提高或降低都能被观察到。

三、控制变量

凡是能够对因变量产生影响的变量都是相关变量，这些相关变量中除了用于研究的自变量外，还有不用于研究的相关变量，称之为额外变量（extraneous variable）。由于在实验中额外变量必须加以控制，所以又称控制变量（controlled variable）。假如不对额外变量加以控制，它就可能与自变量一同引发因变量的变化，造成研究者难以区分额外变量的效应和自变量的效应，无法确定哪个才是真正解释因变量变化的原因，即引起自变量效应和额外变量效应混淆。并且还可能引发零结果，即自变量的操作未引起因变量的变化。

对于任何一个实验，需要控制的变量都很多，远远多于自变量的个数。即使在一个相对简单的实验中，例如在测定个体记忆力时就需要控制许多变量。一天当中不同的时间会有不同的记忆效率；气温变化也会影响记忆力，例如实验室如果太热会使你昏昏欲睡；饥饱情况也会影响你的记忆力；智力也有一定的影响。此外，还可以列出许多。因此理想的实验应该对时间、气温、智力、饥饱等变量进行控制。

1. 心理学实验中典型的额外变量

控制变量的来源很多，所引发的混淆多种多样。源于主被试间相互作用的额外变量所引发的混淆最为典型，它主要包括了实验者效应和要求特征。

（1）实验者效应（experimenter effect）

实验者在实验中可能会有意无意地以某种方式如动作、表情和语言等影响被试，使他们的反应符合主试的期望，这种现象就是实验者效应。罗森塔尔（Rosenthal，1966）曾在他的一个实验中验证了实验者效应。研究中，他让选修心理实验课的学生做白鼠走迷津实验。一组学生用来做实验的白鼠笼子上贴有“聪明鼠”的标签，另一组学生用来做实验的白鼠笼子上贴有“笨拙鼠”的标签。其实，这些白鼠是随机地分配到各个笼子里的。结果这些学生实验者发现“聪明鼠”犯的错误明显比“笨拙鼠”要少。同时研究者也并未发现学生实验者有故意欺骗或歪曲实验结果的情况。因此，他们推断，学生实验者在训练“聪明鼠”的时候更能鼓励老鼠去通过迷津。如此一来，他们将自身对老鼠的信心无意地通过暗示或鼓励的方式，作用于被试，最终使得实验结果按照他们所期望的方向发展。实验者效应是心理实验中一种典型的额外变量，它的存在会影响实验的科学性，因此在实验中要警惕。

图 3-5 聪明鼠，我看好你哦
http://www.nen.com.cn/72635954334007296/20041119/1547220_13.shtml

(2) 要求特征（demand characteristics）

除了实验者效应外，主试与被试间的相互作用还包括要求特征。被试在实验中并非消极被动地接受主试的操作，而总是以某种动机、态度来对待实验。被试很有可能会自发地对实验目的产生一个假设或猜测，然后用自认为能满足目的的方式进行反应，这就被称为要求特征。这种效应甚至在动物被试身上也存在。20 世纪初，一位德国的数学教员训练了一匹聪明的马，名叫“汉斯”。它能通过敲击前蹄来回答算术题，在德国引起了轰动，使得一向严谨的德国人骄傲地以为他们的一匹马已具备了运算能力。这同样也引起了心理学家的兴趣。经过研究发现，这匹马之所以能够解答算术题，根本不是因为它具备了思维能力，而是它对于主人及观众的动作和表情非常敏感。每当汉斯的敲击数接近答案时，主人和观众就会无意地轻轻点头，或放松面部紧张的肌肉等，正是这种微妙的无意识暗示影响了汉斯的反应。

要求特征的典型例子是霍桑效应（Hawthorne effect）和安慰剂效应（placebo effect）。霍桑效应是1924年在美国芝加哥西部电力公司霍桑工厂所进行的一项实验中发现的。研究者为了提高工作效率，系统地改变照明强度以确定工厂的最佳照明条件。结果发现无论照明增强或减弱，工人的工作效率都在逐渐提高。后来发现这是因为参加实验的工人觉得受到厂里的关注，于是自发地提高了工作效率。

而安慰剂效应则是在医学研究中最先被发现的。有时医生开给病人的“药物”实际上并非是药物（如维生素片），但当病人相信那是有效的药物时，服用后患者的病情也会有所好转。后来，心理学家们对此进行了专门的研究，他们分别通过静脉注射、肌肉注射和口服三种方式将葡萄糖稀释液注入病人体内。结果发现静脉注射的疗效最明显，口服的疗效最不明显，可见，它们并非药物的真正疗效，而是病人的心理因素所致。

图3-6 安慰剂效应

http://www.peopledaily.co.jp/GB/paper3024/15889/1404586.html

要求特征在以人为被试的心理学实验中经常出现，被试对指导语的理解、参与实验的动机、焦虑水平、有关经验以及当时的心理、生理状态等，都会影响他们的反应，因此在实验中应该加以控制。

第二节　创造无污染的实验：控制

在上一节中，我们介绍了心理学实验中的三类重要变量。这仅仅是实验的第一步，接下来，我们还需要学习如何进行实验控制。一个得到良好控制的实验，才能保证实验因果推断的效力。下面我们来看看，对自变量、因变量和控制变量应该如何进行控制。

一、对自变量的控制

在实验中对自变量的操纵、变化称为自变量的控制。对自变量控制的好坏，直接影响实验的成败。

对自变量的控制，首先要对自变量进行严格的规定，对心理学中一些含混不清的变量必须使之操作定义化，只有这样才能进行实验。那么什么叫操作定义呢？操作定义（operational definition）是由美国物理学家布里奇曼（Bridgman，1972）提出的，他主张一个概念应由测定它的程序来下定义。例如，把“刚刚感受到”定义为“50%次感受到”，就可测定感觉阈限了。又如，疲倦没有一个共同的起点和尺度，怎么测量呢？如果定义为“工作效率的下降”，那么就可以进行测量和比较了。实验者可据此操纵这个变量了。因此，对一些含混不清的变量，一定要有操作定义。

其次，对于在刺激维度上连续变化的自变量，要做好三项工作：（1）要选一定数量的检查点，以找出自变量和因变量的函数关系。如果两者是线性关系，一般三至五个点就可以了。如果函数关系比较复杂，则至少要选五个检查点。（2）要确定好自变量的范围，对自变量范围的确定，有时前人的研究可以提供线索，如在暗适应的研究中，一般过程在0—60分钟范围内。再如在两点阈的研究中，别人已对人体各部位的阈值做过测定，可作借鉴。若在无前人的经验时，就要通过预备实验来确定。（3）要确定好各检查点之间的间距。间距的大小虽然和自变量的范围和检查点的数目有关，但还得根据实际情况而定。如果自变量和因变量的关系是接近于对数函数，则间距应按对数单位变化。

二、对因变量的控制

对于一个刺激，被试所进行的、或能形成的反应种类是无限的。为了说明这个问题，请你先花一分钟看看图3-7。看到了什么？海豚还是人物？你肯定会有趣地发现，当你把注意力放在黑色的物体上时，就会看到瓶子上画着几只黑色的海豚；而当你把注意力放在白色的物体上，那么就会看到两个相拥的人体。

显然，对同一个刺激，在不同的时间里，随着注意力的转换，就会产生不同的反应。更何况不同的人，就更容易导致不同的实验结果。因此，我们应该对因变量进行一定的控制，也就是说，把实验中的被试反应控制在主试所设想的方向上，这就是反应的控制问题。

当以人作为被试时，研究者通常会利用指导语来控制被试的反应。指导语乃是心理实验中，主试给被试交代实验任务时所说的话。使用指导语时，应注意在允许的范围内做到引起动机，激发兴趣。被试来到实验室时，不一定对参加实验感兴趣。因此主试必须利用言词来引起他们的兴趣。在可能的范围内，告诉他们实验目的与应用价值，使他们认识到参与和合作的意义。

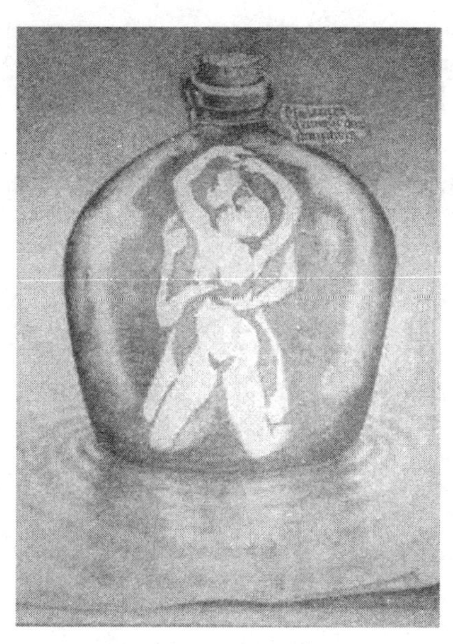

图 3-7　看你色不色

指导语的内容与语调都可能影响实验结果。近年来，指导语已成为一个重要的自变量，广泛地得到心理学家们的重视。内隐学习的创始人雷伯（Reber，1976）及其同事们在这方面积累了丰富的经验，获得了许多成果。他们的做法是：在内隐学习实验的学习阶段，向被试呈现一系列由一套特殊规则产生的字母串，这些规则构成了指定各字母顺序的一种人工语法。给被试的指导语或是“请你学习并记住这些字串”（无意识学习），或是“请你试图找出这些字串的内在规则，以便更好地记住这些字串”（有意识学习）。换句话说，记忆的指导语产生了无意识学习的条件，而规则发现的指导语产生了有意识学习的条件。在实验的测试阶段，向被试者呈现一些新的字母串，让被试者判断有哪些符合学习阶段所呈现的刺激的规则，又有哪些不符合。结果发现，被试虽然说不出规则，但是却能判断新的字母串是否合法。这证明了存在一种新的学习方式——即无意识的内隐学习。

在心理学实验中，一般常用的指标有：绝对阈限、差别阈限、反应时、反应持续时间、反应程度、完成量、错误率、完成一定的作业所需要的时间、达到一定基准所需要的次数以及口头报告，等等。这么多常用指标，如何作出选择是由选择指标的条件决定的。选择指标的条件很多，主要有：

1. 有效性

有效性也称为效度（validity），是因变量指标对当时的现象或过程的代表程度。哪一个指标最能充分代表当时的现象或过程，那么这个指标的有效性最高。选择任何指标首先要考虑其有效性，如果效度不高，指标就无用。

为了使所用的指标具有较高的效度，应了解指标本身的意义是什么、此指标的变化意味着什么、利用此指标对所研究的现象最多能了解到什么程度、有何局限性、如何补救。只有这样才能全面考虑，才能选择好指标。例如，大多数读者会注意到，地平线附近的月亮比天空中的月亮看上去大；落日时的太阳（见图 3-8）比正午时的太阳看上去大。

其实，月亮和太阳的大小无论在何时都是一样的。因此，这一现象是一种视错觉，心理学上称之为月亮错觉

图 3-8　落日

（moon illusion）。雷曼（Reiman，1920）发表了月亮错觉的实验结果。即落日时所看到太阳的大小是正午时看到的太阳大小的 3.32 倍，而波林（Edwin Garrigues Boring，1886—1968）和赫威（A.H.Holway，1940）得出的错觉量为 1.7—1.9 倍，考夫曼和拉克（Kauf-man& Rock，1962）得出的错觉量为 1.5 倍。相比之下，雷曼实验的错觉量要大得多。雷曼测定月亮错觉的方法是，在正对太阳的方向上呈现一定大小的圆板，挪动圆板的距离，使之看上去与太阳的大小相等，分别求出落日时和正午时圆板的观察距离，根据这两个距离之比，算出落日时和正午时的太阳外观的大小之比。即，圆板与落日时的太阳的大小相等时，圆板的观察距离为 16.6 米；圆板与正午时的太阳的大小相等时，圆板的观察距离为 5 米，则正午时和落日时的太阳外观大小之比为 1：3.32。但是，外观的大小并不是观察距离简单的一次函数，这从过去大小恒常性的许多研究结果来看是很明确的。因此，雷曼实验中所选择的指标的有效性不高。另外，如果用望远镜式的纸筒，挡去一切背景来看太阳，这时月亮错觉不存在了，相反会觉得落日时的太阳其大小看上去与正午当空时的太阳是一样的。这一例子说明了在选择反应指标时考虑其有效性的必要。

2. 客观性

客观性是指该指标是客观存在的，是可以通过一定的方法观察到的。反应时、反应频率、完成量等都是客观存在的指标，是可以用客观的方法测量和记录下来的。一个客观的指标一定能在一定的条件下重现。这样的指标能经得起检验，并能够重复进行实验，验证结果。

3. 数量化

能够数量化的指标，也就是能够便于记录、便于统计并且量化的指标，这样研究者才能对不同实验处理下的反应进行比较。

除了上述三个条件之外，还有指标的可靠性和可辨别性等。但是，在这几个选择指标的条件中，有效性是最重要的。在选择指标时，还要考虑技术设备的条件和可能性。如用脑电波来研究高级神经活动，这是有效的。但是，没有脑电波设备就无法以此作为指标。另外要注意：在测定、记录、观察反应的时候，常常会有仪器误差、操作者的记录误差等，这都要尽力防止。

三、对控制变量的控制

实验设计的一个重要任务就是控制额外变量的干扰，防止混淆的发生。由于不同实验类型中额外变量不同，因此控制的方法也有所差异，主要有：排除法、恒定法、匹配法、随机化法、抵消平衡法和统计控制法。

1. 随机化法

首先讨论的是随机化技术，因为它是使用得最为广泛的控制方法。随机化保证了每个被试有均等的机会被分配到实验中的任意一种处理之下，因此任何与被试有关的特殊特征在所有组之间应该是平均分布的。我们将动机水平作为例子，虽然实验者不可能对每名被试的动机水平进行测量，但这一变量仍可用被试的随机分组而得以控制。我们推测每一组碰巧都有一些动机水平很高的被试，一些动机水平中等的被试，还有一些动机水平较低的被试。因此，组与组之间在平均动机水平上应该是相当的，这对于其他未知或未曾想到的额外变量而言也是如此。

随机化法是用于控制所有可能出现的、实验者又未完全意识到的变量。如果实验者无法清楚地意识到哪些变量受控制、这种控制的效果如何，那么实验者无法完全确信随机化方法的有效性也就不令人惊奇了。

2. 排除法

当我们知道哪些因素是额外因素时，我们的方法便可以直接一些，例如，可以选择完全避免或排除我们不需要的变量，这似乎很简单，但事实上，你会发现要完全去除一个变量还真是件不容易的事情。

排除法是把额外变量从实验中排除出去。例如，外界的噪音和光线影响实验，就可以通过隔音室或暗室排除它们。沙尔斯等人（Sagles、Coley、Espiritu、Zahregian 和 Velayo，2002）曾在有关面部表情识别的一项跨文化研究中使用过排除法。实验的材料是 35 毫米见方的面部特写照片，照片中只出现前额顶部到下颚底部的部分，而不包括人物的衣着、体形等，从而使得这些可能影响表情识别的额外变量排除在外。实验者效应和要求特征这种额外变量，则可以通过双盲实验来加以排除。让实验者和被试都不知道实验的目的和内容，就可以排除因双方的期望和顺从所产生的干扰。

从控制变量的观点来看排除法的确很有效，但在实际使用起来却存在困难：首先完全排除额外变量并非易事，特别是额外变量由一系列因素组成如噪音、温度、照明条件等组成，那么排除起来就极为困难；另外排除法还有可能降低实验的外部效度，使得实验结果难以推广到更大的范围中。

3. 恒定法

当消除额外变量有困难时，实验者常采用恒定法来控制额外变量。恒定法就是使额外变量在实验过程中保持恒定不变。例如，实验必须在同一房间内，在照明和温度水平相同的情况下，在一天里的同一个时间段进行（如果该实验要进行几天的话）。在这里，实验地点、温度水平、照明水平和一天里的时间段等因素，没有被排除，而是保持在一个恒定的水平上。

研究者为了比较两种教学方法的效果，随机抽取了两个班的被试。王老师用方法A教甲班，李老师用方法B教乙班。这个实验有没有受到污染？假如有，应当如何控制这一额外变量呢？

这个实验受到了污染，因为王老师和李老师各教一个班，因此这很难说其结果的差别应归因于教学方法还是老师的不同。我们可以采用恒定法来控制。最简单的方法是让一位老师来对两个班的学生实施不同的教学方法。这样，老师这个额外变量对于两个班来说都是相同的。实验就不再因此而受到污染了。

目前恒定法已成为许多研究者所使用的常规控制方法，是一种很有效的控制方法。但是恒定法也有一定的局限性：其一使用恒定法控制额外变量，会使得实验的结果难以推广到额外变量的其他水平上去；其二有时自变量还可能会与要保持恒定的额外变量产生交互作用，例如女性主试可能会使男性被试分心，但不会影响女性被试，此时虽然主试的性别也保持恒定。

4. 抵消平衡法

在有些实验中，被试要接受一个以上的实验处理。例如，你想进行一个可乐口味的测验来确定两种品牌的可乐哪种更受欢迎。在某商场内，你搭好了免费品尝的小摊位，你做好了所应做的所有预先准备：杯子都是完全相同的，两种可乐都从一模一样的容器中倒出，被试所喝的可乐量相同（先喝 A 可乐，再喝 B 可乐）在整个实验期间被试都蒙着眼睛，这样饮料的颜色不会影响它们的选择。这样，你的整套控制就完美无缺了吗？事实上，有一个值得注意的问题被忽视了，那就是两种可乐呈现的顺序。如果可乐 A 总是先于可乐 B 出现，那么被试很可能会因为先入为主而偏好可乐 A，而非因为其口味独特。

抵消平衡法可以用来控制这种顺序效应。抵消平衡法分为两类：被试内和被试间。被试内抵消平衡法用于控制每个被试所接受的顺序效应；被试间抵消平衡法试图控制对不同被试呈现不同顺序所造成的问题。

被试内抵消平衡法

回到我们可乐实验中的顺序问题，我们应以如下顺序呈现刺激给每位被试：ABBA。用被试内抵消平衡法，每个被试在品尝可乐 B 前品尝一次可乐 A，在品尝可乐 B 后再品尝一次可乐 A，这样，开头品尝可乐 A 的经验就为最后品尝可乐 A 所抵消平衡了。虽然被试内抵消平衡法的应用看来相对简单，但它有一个较大的缺陷，那就是：每个被试都必须不止一次地接受同一处理。有时，实验者并不想或并不能够不止一次地向每位被试呈现同一种处理。例如，在可乐实验中，你没有那么多时间让每名被试对同一品牌的可乐尝试两次以上。这时，组内抵消平衡法的优势就更明显了。

被试间抵消平衡法

另一种解决顺序问题的方法是随机抽取一半被试，以先 A 后 B 的顺序呈现可乐。另一半被试则接受先 B 后 A 的呈现顺序。而后将两组的偏好进行比较。

5. 匹配法

匹配法旨在使实验组和控制组中的被试属性相等。使用匹配法的具体做法就是：先就某些与实验有着高相关的特性对所有被试进行测量，然后根据测得的结果匹配分组让实验组和控制组相等。例如，在“练习对射击效果影响”的实验中，需要先预测被试打靶的成绩，然后把两个预测成绩相等（击中环数相等）的被试分别分到实验组和控制组，匹配成条件相等的两组被试。这种方法在理论上是可取的，但在实际操作中却很难行得通。因为，如果需匹配多个特性（或因素）时，实验者就会感到顾此失彼，甚至无法进行。比如力图使两组被试的年龄、性别、起始成绩、智力等因素都匹配成相等就很困难。即使匹配成功，也会有很多被试不能参加该实验。更何况，一些中介变量如动机、态度等，无法找到可靠依据进行匹配。因此，实际应用中，匹配法常常是配合其他技术共同使用的。

6. 统计控制法

上述各方法都是在实验设计时使用的，统称为实验控制。但有时由于条件限制，实验者明知存在某些因素将影响实验结果，却不能使用上述方法，无法在实验中加以排除或控制。这种情形下，只有在实验后采用协方差分析或偏相关等统计技术才能把影响结果的因素分析出来，控制额外变量。这种事后采用统计技术控制额外变量的方法，称为统计控制。例如，通过对两班学生进行实验来比较两种教学方法的优劣时，实验者事先知道两班学生的智力不等，而智力又是影响实验结果的重要因素，但限于条件，实验前无法对智力因素加以控制使两班学生的智力水平相当。此时就可以使用协方差分析将智力因素所产生的影响加以排除后，比较两种教学方法的优劣。

上述各种方法为研究者提供了控制额外变量的有力手段，它们各有所长。我们可以通过分析实验的具体条件，灵活地运用它们。

理解自变量、因变量和控制变量非常重要，所以我们在这里举一些例子以便你检查自己是否掌握了这些概念。请你分析下列例子，分别说出每个研究中的自变量、因变量和控制变量。例子之后是答案。不要偷看！

1. 汽车制造者想知道刹车灯多亮可最大程度地减少后面司机意识到前方正在停车的时间。

2. 训练鸽子绿灯亮时啄键、红灯亮时停止。对作出正确反应的鸽子给予玉米的奖励。

3. 治疗者试图改善患者的自我形象。每次患者描述自己积极的一面时，治疗者就以点头、微笑和额外注意予以奖励。

4. 社会心理学家做了一个实验，为了发现当六个人挤在一个电话亭里时是男人还是女人感到更不舒服。

答案

1. 自变量：刹车灯的照明度

因变量：刹车灯亮到尾随车司机踩刹车踏板之间的时间

控制变量：刹车灯颜色、刹车板的形状、刹车所需力气、额外照明度等

2. 自变量：灯的颜色（红或绿）

因变量：啄键次数

控制变量：食物剥夺时间、键的大小、红灯绿灯的强度等

3. 自变量：奖励的种类

因变量：自我形象改变的程度

控制变量：办公室情境、治疗者

4. 自变量：参与者性别

因变量：不舒服的程度

控制变量：电话亭的大小、挤在电话亭的人数、个体的大小等

第四章　实验心理学研究方法大揭密（Ⅲ）：实验设计

好的实验设计不一定会成功，但失败了也有意义。

坏的实验设计不一定会失败，可是成功了也没有意义。

——摘自网络语录

我们已经知道，实验法是通过对变量的有效控制来实现因果判断的功能。上一节我们从变量的角度介绍了实验控制的一些技术，这是相对微观的视角；这一节我们将从更宏观的角度阐述实验法如何充分发挥自身在精巧控制方面的优势，这就是所谓的实验设计。

实验设计就是进行科学实验前所做的具体计划，主要用来控制实验条件和安排实验程序。实验设计的目的在于尽可能减少额外的或未控制的变量，从而增加实验的因果判断效力。一个好的实验设计是实验成功的关键，就像一张设计蓝图能够确保房屋建筑的成功。

从实验变量的角度，实验设计包含三个基本问题：（1）实验采用多少自变量和因变量？（2）各自变量内又采用多少处理水平？（3）如何将被试分配到各自变量的各处理水平中？对上述问题的不同回答就会产生不同的实验设计方案。

第一节　变量多力量大：多变量设计

最简单的实验包括一个自变量以及一个受其影响的因变量，但是这种设计过于简单，难以适用于复杂的心理现象。因此很多研究往往在一次实验中包含有多个自变量或因变量，这种实验设计就是多变量设计。多变量设计又包括多自变量设计和多因变量设计两种。

一、多自变量设计

在心理学杂志中很少发现只使用一个自变量的实验，典型的实验往往同时操纵二到四个自变量。这一过程有几个优点。首先，在同一实验操纵多个比如三个自变量比做三个独立的实验效率要高。其次，实验控制常常更好。因为在同一个实验中，一些控制变量——时段、气温、湿度等等——比在三个单独的实验中更可能保持恒定。第三，也是最重要的，从几个自变量概括出来的结论（也就是说，在几个情况中都有效）比尚待概括的资料更有价值。第四，这样也可以使我们研究交互作用，即自变量之间的相互关系。下面我们用几个例子来揭示这些优点。

研究一　要钱还是要时间？

假设我们希望比较现金奖励和时间奖励，哪一种更能促进高中生的学习。也就是说对课堂表现好的学生奖励 5 元钱（现金奖励），或者提前 10 分钟下课（时间奖励，见图 4-1）。

图 4-1　想下课吗？先算出这道题！

在一个单变量设计的实验中，我们发现在几何课上，提前下课的方式更能促进学生的学习。但是，在我们把提前下课作为中学里的一条普遍规律之前，我们最好能够考察一下这条规律是否适用于所有课程，比如在历史课或生物课上通过提前下课的方式，是否也能得到同样的效果。在这里，课程就成为了第二个自变量。这就是一个简单的多自变量实验设计。

事实上，将奖励方式和课程这两种自变量放进同一个实验的考察（即多自变量实验设计），则要比做两个连续的实验（即两个单自变量实验设计）要好得多。首先，如果我们能在一次实验中考察两个自变量的效果，显然可以使实验更经济，提高研究的效率。此外，多自变量实验设计比单自变量实验设计的控制程度更好，比如由于两个单自变量实验通常是先后进行的，因此很有可能出现实验控制方面的问题。比如几何课是在足球比赛进行的那一周被研究的（这时没有奖励措施可改善学习），而历史课则是在比赛获胜之后（这时学生对学习的感觉比较好）。这时，足球比赛的影响就会对我们的实验结果产生很大的干扰。

研究二　反馈会蒙蔽你的双眼

当一个自变量产生的效应在第二个自变量的每一个水平上都不同时，我们获得了交互作用。对交互作用的研究是在实验中使用多个自变量的主要原因。这最好用例子来描述。

马特尔和威利斯（1993）热衷于研究对团体作业的反馈如何影响被试对团体行为的记忆这一问题。在观察同一工作组之前，有关作业水平先给被试提供一个积极或消极反馈。接受积极反馈的被试被告知，专家认为该组的作业属于较好组，并且较好组占所有工作组的20%。接受消极反馈的被试则被告知，这一团体属于较差组，并且较差组也占所有组的20%。

接下来，所有被试观看同一盘录像带，录像带当中记录了利用木板和绳子搭建桥梁的过程，其中包含有效和无效的行为。因此，两个自变量分别是作业反馈（积极或消极）和被观察的行为类型（有效或无效）。被试观看了录像带后，发给他们一张行为表，让他们确定表中哪些行为实际观看过。因变量是被试认为由工作组成员作出的有效行为和无效行为的比例。

实验结果如图 4-2 所示。从图中可以看出，当被试接受了一个对工作小组的积极反馈时，他们能再认出的有效行为比无效行为多。相反，被试若接受消极反馈，那么结果则刚好相反，能认出的无效行为会比有效行为要多。这种情况表明，由于人们接受了消极或积极反馈而产生了记忆错觉。

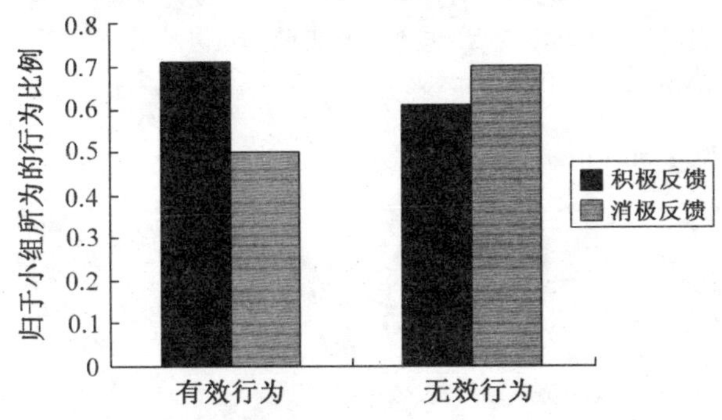

图 4-2　作业反馈对归为小组所为的行为比例的影响
（数据取自 Martell 和 Willis, 1993）

在这个研究中出现了交互作用，即由一个自变量（作业反馈）产生的效应在第二个自变量的每一个水平上（有效/无效工作行为）都是不同的。作业反馈所产生的效应依赖于观看到的行为类型（是有效的还是无效的），被试能认出的更多比例的行为与他们的反馈类型一致（如给予正反馈则认出的积极行为的比例就高）。

综上所述，当一个自变量的水平受到另一自变量水平的不同影响时，交互作用就会发生。当交互作用存在时，独立地讨论每一个自变量是毫无意义的。因为一个变量的作用还要依赖于另一变量的水平，我们只得对交互作用着的变量一起讨论。

二、多因变量设计

多因变量设计是指在一个实验中包含两个或两个以上因变量的实验设计。在心理学实验中，因变量通常采用行为指标，它能够揭示被试作业的好或差。实验者可以借此对行为评分。虽然传统上常使用一些变量，但这并不意味着它们是行为的唯一指标或最好的指标。比如，在动物学习的研究中常使用压杆的行为（见图 4-3）或鸽子啄键的行为作为反应。最常见的因变量是压杆或啄键的次数。但对啄键的力量以及潜伏期（反应时间）的研究也会得出一些有趣的发现（参见 Notterman 和 Mintz, 1965）。

图 4-3　我也学会上网了

研究者常要提供多个适当的因变量。假设我们要研究阅读材料的可辨认性。可以采用的因变量包括：阅读材料后有意义信息的保持、阅读一定数目单词的所需时间、再认单个字母所出现的错误数、抄录或重新打印材料的速度、阅读时的心率以及阅读时的肌肉紧张度——当然，可以研究的因变量远远不止这些。

另外，从经济的角度考虑同时获得许多因变量的测量值是可行的。尽管如此，典型的实验一般只用一个因变量或最多同时用两个因变量。这是不好的。正如同时使用多个自变量可以增加实验结果的普遍性一样，同时用多个因变量也可以增加普遍性。为什么不用多个因变量，其原因可能在于很难对多个因变量进行统计分析。虽然现代的计算机技术使得一些复杂计算成为可能，但许多实验心理学家并没有在多元统计方面受过良好的训练，因此往往不敢用。对每一个因变量作独立的分析也同对每一个自变量作独立分析一样，会忽视交互作用，会丢失许多信息。多元分析很复杂，然而，你应该清楚在同一实验中使用多个因变量是很有利的。

第二节　分配被试的奥秘：被试间设计和被试内设计

通过考虑实验中所包含的自变量和因变量的个数，我们就可以确定是采取单变量设计，还是多变量设计的方案；接下来，需要考虑的是，如何将被试分配到自变量的各个处理水平上。对这个问题的解答，会产生三种可能性：被试间设计、被试内设计和混和设计。下面我们通过例子来看看这些设计究竟是如何开展的。

一、被试间设计（between-subjects design）

假设我们想要研究一下女性的裸露部位对其性感程度的影响。我们可以找两位女性模特，一名胸部裸露，另一名臀部裸露（见图 4-4）。然后请一些男性判断哪位女性更加性感。假设结果发现，大部分男性都认为左边的女性比右边的女性性感，那么我们就可以得出胸部裸露更能提升女性的性感程度。这就是一种比较典型的被试间设计。

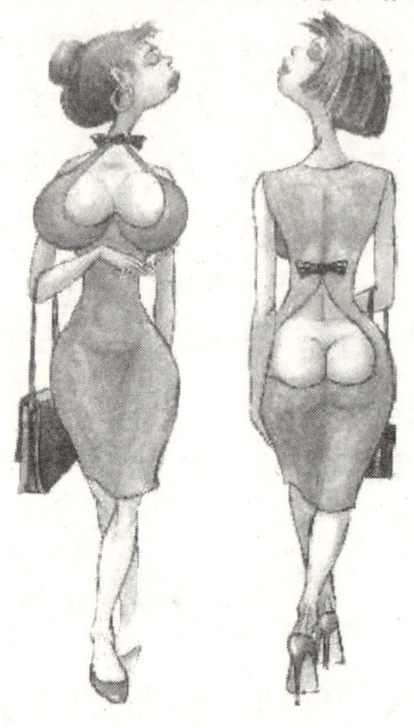

图 4-4 谁更性感？

被试间设计是要求每位被试只接受一个自变量水平的处理（简称一种实验处理或称一个实验条件）。这种设计的优点在于一种处理方式不会影响或污染另一种处理方式，但却存在一个问题：不同被试所接受的实验处理不同，因此很难分辨出因变量的变化是被试间的差异所致，还是自变量的变化所致。再回到上面的例子中，我们就会发现被试间设计的问题。也就是说，两位模特间的个体差异也可能是导致其性感程度不同的原因。比如，从图中来看，这两个女性除了裸露部位不同之外，她们的相貌、衣服颜色、发型、耳环也都不一样。因此，我们很难说，究竟是哪一个因素影响了其性感程度。假如，我们能找到两个一模一样的模特，并让她们在衣着、妆容、配饰、仪态等方面都保持一致，仅仅是身体裸露的部位不同。那么，这个时候的比较结果，才能说明问题。

因此，在使用被试间设计时，我们必须尽量减少两个或多个组别中的被试差异，以保证各组被试在实验开始时各方面都相等，这就是被试间设计的等组问题。被试间设计采用两类分组技术来解决等组问题：匹配和随机化。

1. 匹配

匹配（matching）是先将被试按某一个或几个特征上水平的相同或相似加以匹配，然后再把每一匹配组中的每个被试随机分配到各个组别。这样可以保证各组被试在这个或这几个特征上是同质的。

匹配的步骤是：先对所有被试进行前测，然后根据前测的作业分数进行匹配。前测的内容必须和实验作业高度相关，一般有两种：一种是和实验作业有高度相关的其他作业；另一种是利用被试实验作业的初期表现（通常，同一作业在两个阶段的行为表现是相关的）。得到前测分数后，就可以根据成绩进行匹配分组。举例来说，某实验要将30名被试分配到三个自变量水平A、B、C中，那么研究者需要先将被试按前测作业分数的高低排列，然后将前三个被试随机分配到A、B、C三组，之后再将接下来的三个被试如法分配，直到分配完毕。按这种方法分配的各组在平均数和标准差上都很接近。

在理想情况下，如果不同组的被试真正能够在各个方面得到完全的匹配，那么匹配法进行的被试间设计能达到良好的实验控制。但是实际上，匹配法的实施总会遇到一些问题：（1）实验者不可能在每一个特征上都进行匹配，常常是只在一些特征上进行匹配，而在另一些可能相关的特征上则有差异。因此，匹配往往是不完全的。（2）匹配法往往费时耗力。因为一些相关变量常常很难测量，这就使得研究者要耗费大量的人力物力和时间去做一些额外的工作；况且即便实验者进行了这些必须的额外测量，结果也可能无法做到对被试的一一匹配。（3）在实验者同时匹配多个特征的时候，这些特征之间如果存在交互作用，就可能混淆实验结果。比如我们想匹配被试的年龄（初中生、大学生）以及他们对不同材料（图形、文字）的识记能力时，就会发现年龄与识记材料的交互作用——年龄小的被试对图形的再认能力强，年龄大的被试对文字再认能力强（杨治良，1981）——使得匹配难以实现。（4）匹配法还需要谨防回归假象的介入。回归假象是指在许多测量情形中，第一次测验时的高分组和低分组这两个极端组的分数在第二次测量时向平均数回归了；高分组的得分比第一次低些，低分组的则高些。

回归假象如何影响匹配设计的效果？来看一个例子。美国的一些研究者想研究一个帮助非洲裔美国儿童提高阅读分数的计划是否有效，于是他们对两组儿童（一组非裔美国儿童和一组白人儿童）在诸如年龄、性别以及最重要的最初阅读成绩等几个维度上进行匹配。并对两组儿童都实施阅读提高计划，实施完成后再次测查阅读分数。结果出乎意料，非裔美国儿童在接受阅读计划之后比以往更差，而白人儿童则有所提高。这种奇怪的结果事实上是由于回归假象干扰所致，由于非裔美国儿童的分数要比白人儿童低，因此当研究者按照绝对阅读分数进行匹配时，选择了非裔儿童中的高分组和白人儿童中的低分组。最终，即使实验原本应当揭示该计划有助于非畜儿童，但也因为回归效应被抹煞了。

2. 随机化设计

匹配需要大量的准备工作，耗费精力，而且还会遇到一些问题，因此被试间设计中更常用的分组方法是随机化法，即把被试随机地分配到不同的组内接受不同的自变量处理。

随机化不同于随便和随意。它的统计学前提是：各随机被试组在未经受不同处理之前是相等的，即使有差异也是在统计允许的限度以内的随机误差。常用的随机化分组方法有两种：同时分配法和次第分配法。当被试者同时等候，而实验者可随意调派其中任何一个被试时，可以采用同时分配法。该分配法的技术主要有三种：（1）抽签法，先将所有被试编号，记入纸片，每张纸片上的号码代表一名被试，然后将纸片放入容器内搅匀，按组抽取即可；（2）笔画法，例如要将 40 名被试者分为四组，先将被试者依其姓氏笔画数进行次序排列，再查随机数表每一数列的第一位数，只取第一个数为 1、2、3、4 的数字，分别归属四个组，各查 10 个，共查满 40 个以后，按姓氏笔画先后对应 1、2、3、4 所表示的组别；（3）报数法，上例也可采用报数法，实验者令所有被试从第一排开始报数，报 1 的被试者分在第一组、报 2 的被试者都分在第 2 组，依此类推，但要注意原有顺序的影响。若每排报数的方向随机改变，例如用 1 234，4 321，2 341 等不同的顺序报数，则随机分组的效果将更好。但是当实验持续时间较长或其他原因，每位被试者到达实验室的时间不一致时，就可以采用次第分配法。该分配法有两种技术：简便法和区内随机法。简便法就是按被试者到达实验室的先后来分配。第一名属第一组，第二名属第二组，第三名属第三组，依此类推等。类似于同时分配法中的第三种技术。一般而言，使用本法能满足随机的条件，然而它取决于被试者报到的次序是否符合随机原则。为了避免被试者非随机出现的可能性，可按照被试者来到实验室的先后，使用区内随机次序分派被试归属各组。例如，可根据随机数表来分配被试。

总的说来，被试间设计的优点是每一个人只接受一种处理方式，而一种处理方式不可能影响或污染另一种处理方式，因此避免了练习效应和疲劳效应等由实验顺序造成的误差。但它也有两个基本的缺点。第一是所需要的被试数量巨大，由于每一个自变量的每一个水平都需要不同的被试，当实验因素增加时，实验所需要的被试数量就会迅速增加。第二个缺点更严重：由于接受不同处理的总是不同的个体，因此被试间设计从根本上是无法排除个体差异对实验结果的混淆的，而匹配和随机化技术也只是尽可能地缓解而不是根治这一问题。

二、被试内设计（within-subjects design）

假设我们想要比较一个人的左脸和右脸是否具有相同程度的魅力。我们可以通过图像加工软件（如 Photoshop）把人脸分成左右两半，然后分别构成两个左脸的组合、两个右脸的组合，以及左脸和右脸的组合（即正常照片）。一个典型的被试内设计就是：让每个人都参加所有处理的比较，即正常脸、左脸组合、右脸组合。从图 4-5 中，我们可以比较明显地看到，美国影星奥黛丽·赫本在三种情况下的变化。你认为她在哪种情况下最美丽呢？假如我们比较了 30 个电影明星，结果发现他们都是在右脸和右脸的组合情况下最有魅力，那么我们就可以通过这个假想的被试内设计得出结论：右脸比左脸更有魅力。

图 4-5　奥黛丽·赫本的对照图片

被试内设计是指每个被试须接受自变量的所有水平的处理。其基本原理是：每个被试参与所有的实验处理，然后比较相同被试在不同处理下的行为变化。这种设计不但节省了被试人数，而且不同组间的个体差异也得到了最好的控制。和被试间设计相反，被试内设计不会受到来自被试个体差异的困扰，但却必须面对实验处理之间相互污染的问题。

1. 被试内设计存在的主要问题

在被试内设计中，由于被试先后接受不同的实验处理，实验处理之间外来影响以及前后的实验处理的相互影响等因素都会造成混淆。这类混淆主要表现为以下几种效应：位置效应、延续效应和差异延续效应。

位置效应

假设有一实验是被试内设计，想比较 A、B 两种可乐的口感，所有被试先品尝 A，再品尝 B，结果大部分被试喜欢 A。但此时却无法确认这种偏爱是由可乐的口味，还是刺激呈现的顺序所致，因为被试有可能因为先尝到可乐 A 而更喜欢它。如果实验中某个处理只在特定位置出现，那么这种序列位置产生的效应就会与处理本身的效应混淆。实验处理所处的序列位置会影响被试的反应，这就是位置效应。

延续效应

延续效应是指在实验的进展过程中，前一阶段的处理会对后一阶段的处理产生影响。假设一个实验中有 A、B 两种处理。所有被试先接受 A 处理，再接受 B 处理。但是当被试接受 B 处理时，他们有可能因为接受过 A 处理，所以对实验任务相当熟练，导致行为水平提高，产生练习效应；或者对实验任务感到厌烦、疲倦，导致行为水平降低产生疲劳效应。此时被试行为水平的提高或者下降就不能完全归因于 A、B 两种处理的差异。通常延续效应在所有实验处理条件下都相同，以上述实验为例，不管先接受 A 处理还是 B 处理，它们对后继实验处理的延续效应都是一样的。这就明显地区别于下述的差异延续效应。

差异延续效应

差异延续效应也是指前一阶段的处理影响后一阶段的处理效果的情形，不过与延续效应不同的是，这种影响还取决于先出现的是何种处理。也就是说，上述延续效应中，被试是以同样方式对待后一种处理（如更高的技能、厌烦或疲倦）而不管实验第一阶段接受的是何种处理方式；但差异延续效应中，被试会根据先前处理的不同来区别对待后继处理。比如，在一个被试内设计的实验中，研究者想考察：重复次数对单词学习效果的影响。自变量有两个水平：重复一次和重复五次。实验中让所有被试先接受五次重复再接受一次重复。当被试进行一次重复时，可能会由于已经有了重复五次学习的经验，而在实验要求的一次重复之后再私自重复四次，削弱了自变量两个水平间的差异。而如果被试先重复一次，那么情况就很可能不同了。

虽然被试内设计会遇到上述各种问题，但是可以通过平衡设计来加以解决。

2. 平衡设计

这里所谓的平衡是指对实验处理顺序的平衡，是为了消除或减少位置和延续效应而采用的一些系统地改变实验处理呈现顺序的技术。平衡设计的逻辑是：既然实验处理的位置（顺序）所产生的效应会与实验处理本身的效应相混淆，那么只要在实验中安排被试在所有顺序下接受处理，就可以将各处理下结果的差异归因于自变量而非处理顺序了。

平衡设计可以有效地避免位置效应，例如，上文中的测量可乐口感的实验中，被试以 A—B 顺序品尝时，认为 A 的口感较好，但这种结果却无法说明 A 是否的确好。此时就可以将被试随机分成两组，其中一半被试以 A—B 顺序品尝，另一半则以 B—A 顺序品尝，如果被试仍然认为 A 的口感较好，那么就可以断定实验处理的效应存在，A 的确口感更好。而控制延续效应也可使用平衡技术。如可乐的实验中，随机将被试分成两组，一组被试以 A—B 顺序接受实验处理，假设接受 B 处理时被试的行为水平比 A 处理高，这时导致结果的原因可能是练习效应也可能是处理水平的差异。但是如果另一组被试以 B—A 顺序接受处理后，被试在接受 B 处理时的行为水平也比 A 处理高，那么就可以断定 B 处理对被试行为水平的提高是有作用的。因此被试内设计中的位置效应和延续效应是可以用平衡技术加以控制的。

差异延续效应在某种程度上也可以通过平衡技术减小，但不能完全被消除。如果我们确定差异延续效应会产生，那么除了平衡之外还应在两种处理方式之间保持足够长的时间间隔。但是当实验处理的影响为永久性时，时间间隔也无法消除差异延续效应。例如，要用被试内设计的实验来了解有无海马回的老鼠在解决迷宫问题上的差异，只能先进行有海马回的试验再进行无海马回的试验，因为一旦海马回被摘除将无法恢复。可见，被试内设计虽然能解决差异延续效应，但仍会遇到问题。

ABBA设计和拉丁方设计是两种常用的平衡方法，前者适用于自变量水平为两个的实验，后者适用于自变量水平是两个以上的实验。

三、混和设计（mixed design）

从上文中可以看到被试内和被试间设计都存在各自的优缺点，实际使用时会有一定的局限性，因此很多研究者采用混和设计来解决这一问题。混合设计乃是一个实验中同时采用被试内设计和被试间设计。

假设你家里有两只小狗，你想看一下新买的宠物香波对它们是不是管用。这里实际上就是一个典型的混和设计。实验中有两个自变量：小狗的品种和宠物香波；因变量就是宠物香波的浴后效果。我们在小狗品种上进行被试间设计（个体间比较），在宠物香波上进行被试内设计（个体沐浴前后的比较）。也就是说，通过比较这两只小狗在沐浴前后的变化，来看这种宠物香波是否对两只小狗都适用。从图 4-6 中的前后对照效果来看，这种新买的宠物香波似乎更适合右边的小狗使用。

再比如我们想比较一下超市里面的收银员在给男顾客和女顾客服务时是否会有差异。这里有两个自变量：收银员的性别和顾客的性别。采用混和设计时，我们可以在收银

图 4-6　小狗沐浴前后的对照图片

员性别上采用被试间设计，在顾客性别上采用被试内设计。也就是说，找30个收银员，男女各半，然后记录他们为男顾客和女顾客服务时的表现。

关于被试的设计主要的就是上述几种。实验者应根据它们各自的特点适当地使用。但是，如果被试内和被试间两种设计都能采用时，研究者们往往更倾向于采用被试内设计而不是被试间设计。因为被试内设计的最大优点就是：它彻底解决了由被试变异性而导致的实验结果混淆问题。另外混和设计具有被试内和被试间两种设计的优点，因此也经常被使用。

第三节 小众冲击波：小样本设计

心理学中典型的实验通常都采用大样本，这是因为大样本可以避免被试间的个体差异对因变量产生影响。然而在特殊情况下，比如临床心理学家希望确定某种疗法的效果却又只有一两名患者，或像心理物理学实验那样极端费时且个体差异几无影响时，心理学家也会采用与之相反的实验模式——小样本设计。当被试数为一名时，就是小样本设计的极端形式——单被试设计，在临床心理学中称为个案研究。接下来将对此进行重点介绍。

一、小样本设计

虽然目前小样本设计在研究中未占主导地位，但它由来已久。1850年，第一位心理物理学家费希纳用自己和一位亲戚作为被试来研究心物关系。随后艾宾浩斯也以自己为被试对记忆进行了早期的实验研究。但是20世纪初期之后，统计方法不断进步，大样本研究逐渐占据统治地位，小样本设计几乎销声匿迹。现在小样本设计之所以又引起研究者的兴趣，主要与心理物理学及行为主义有关。

小样本设计是被试内设计的一种变式，实验时向少数几个被试或单个被试呈现自变量的不同水平或处理方式。由于测验的被试人数很少，因此需要在相当经济和高度控制的实验中对每位被试进行大量观察，并做记录。

小样本设计具有一些独特的优势：（1）小样本设计被证实有助于探索性研究。通过小样本设计来初步了解某一变量对被试行为的影响，较之大样本设计更为经济。当我们确实发现变量对被试存在作用后，可以再利用大样本设计进行扩展性研究。因此在一种新理论或新方法创立之初多采用小样本研究。（2）在临床心理学和教育咨询等领域中，小样本设计对矫正程序有效性的验证及理论假设的检验特别有效。因为在这些领域的实验研究中，研究者往往难以找到足够多的被试来进行大样本设计，比如临床心理治疗中患者通常只有少数几个。

当小样本设计中样本人数减少为一名时，就称之为单被试实验，它是小样本设计的一种极端情况，比如心理治疗师处理一名患者。

二、单被试实验设计

在单被试实验设计（也称为 N=1 设计）中，只有一个被试。在实验心理学中，单被试实验设计曾经有过相当辉煌的历史。在 19 世纪 60 年代，费希纳以一系列的个体为基础，通过心理物理法探索了感觉加工过程。冯特以接受严格训练的个体为被试，用内省法从事具有开创意义的研究。

艾宾浩斯所做的研究在我们看来也许是单被试设计中最著名的例子，他的研究十分独特——不仅是因为他使用了单被试设计，而且他自己是这些实验中唯一的一名被试。华生关于小阿尔伯特习得性恐惧的研究采用的也是单被试设计。

你是不是觉得这种设计有点耳熟？我们在第二章中介绍过的个案研究法也经常只对一个被试进行观察。但是，个案研究仅仅是一种描述方法或观察方法；研究者没有对变量进行控制或操纵，仅仅是记录观察结果。因此，个案研究不能得出因果关系的结论。

为了获得因果关系，我们在实验中必须对变量施加控制。在单被试设计中，我们像一般实验中一样也对变量进行控制，唯一的不同是实验中只有一个被试。而且，就像在一般实验中一样，我们在处理单被试设计的内在效度问题时也要小心谨慎。相信单被试设计已经使你产生了不少疑问，毕竟，它与我们到目前为止所建立的原则相悖。

常用的单被试实验设计包括三种：**A—B 设计，A—B—A 设计和 A—B—A—B 设计**。其中，A 指基线测量，B 指在处理中或处理后测量。下面我们分别来看一下这几种设计：

1. A—B 设计

在 **A—B 设计**这种最简单的单被试设计中，我们进行基线测量，接着施加处理，然后再进行第二次测量。我们把 B（处理）测量同 A（基线）测量相比较，决定行为是否发生了变化。这个设计会使你想到缺少控制组的前测—后测设计。在 A—B 设计中，被试的 A 测量结果是作为 B 测量结果的对照组的。

例如，Hall 等（1971）在特殊教育领域里使用过这种方法：一个10岁的男孩（Johnny）在课堂上不停地说话，干扰课堂秩序，而其他孩子也都开始模仿他的行为。研究者让老师来测量了正常情况下Johnny在五个15分钟的时间段中的基线讲话行为（A）。而后进行实验处理（B），老师对他的高声说话行为熟视无睹，而更多地将注意力集中在Johnny的有意义行为上，并且再次进行五个15分钟时间段的测量。结果，Johnny的讲话行为有了明显的减退。

Hersen（1982）评价说，A—B设计是进行因果推断时推断力最弱的设计之一，因为其他因素很有可能伴随着处理的过程而变化。特别是与时间有关联的额外变量（如过去事件、成熟）来说。例如，Johnny高声说话的行为减少，有可能是因为老师的忽视（实验处理），也有可能是因为Johnny说话说累了（额外变量），自然会说话比较少。由于没有控制组，我们不能排除额外变量的影响。要解决因果关系的问题，我们应该考虑下面一种单被试设计。

2. A—B—A设计

在**A—B—A设计**中，处理阶段后又返回到基线条件。如果B阶段的行为变化实际上是由实验处理引起的，那么当移走B而回到了基线条件时，变化应该会消失。另一方面，如果B阶段的变化是由额外变量引起，那么当B移走时，变化应该不会消失。因此，A—B—A设计可以得出因果关系。

在Hall等（1971）的实验中，老师使Johnny重新回到基线条件。当老师重新开始注意Johnny的讲话行为时，这种行为又有了明显的增加。这种返回到先前行为的设计，加强了研究结论的力度——是实验处理引起了Johnny讲话行为的减少。

但是，不知道你有没有注意到，A—B—A 设计有一个明显的缺点：那就是如果你在 A 阶段终止实验，就会把被试留在基线条件上。如果实验处理对被试有益，那么这么做似乎不太合理，解决这个问题需要我们另一种单被试设计。

3. A—B—A—B 设计

这个设计在 A—B—A 设计最后又增加了一个处理阶段，因此实现了被试在一个处理阶段上的实验循环。

实际上，Hall 等人（1971）对 Johnny 采用了 A—B—A—B 设计。测量了 Johnny 在正常条件下基线讲话行为（A）后，老师开始通过忽视讲话行为，只注意 Johnny 的积极行为来实施处理（B）。然后，老师再次重复 A 和 B 阶段，研究结果如图 4-7 所示。首先，对结果进行直观观查就足以让我们相信处理的有效性——基线和处理条件之间的差别十分显著。该图表很好地说明了为什么许多使用单被试设计的研究者相信统计是不必要的。第二点，处理明显起了作用。当老师不再注意 Johnny 的讲话行为而关注他的积极行为时，讲话行为就明显减少。第三点，我们可以断定积极行为的增加是由持续的注意引起的，因为当注意移走之后讲话行为又迅速增加了（见图 4-7 的基线 2）。

4. 如何选择合适的单被试设计

从理论上来说，A—B—A—B 设计最富有因果推断力，应该得到研究者的偏爱。但实际上，研究者经常使用 A—B 设计，尽管它在揭示因果关系方面存在不足。使用 A—B 设计的主要原因在于在第三阶段没有必要或不能返回到基线设计。让我们来看看只能使用 A—B 设计的三种情况。

首先，在许多实验中，将实验处理进行逆转通常是不现实的。Campbell（1969）曾经建议政治家进行社会改革实验，

基线状态 1——实验处理前的状态

持续注意 1——教师有意忽略该学生的大声说话行为，而将注意力集中在他的积极行为上

基线状态 2——教师重新将注意力集中在说话行为上

持续注意 2——教师再次忽略该学生的大声说话行为，将注意力集中在他的积极行为上

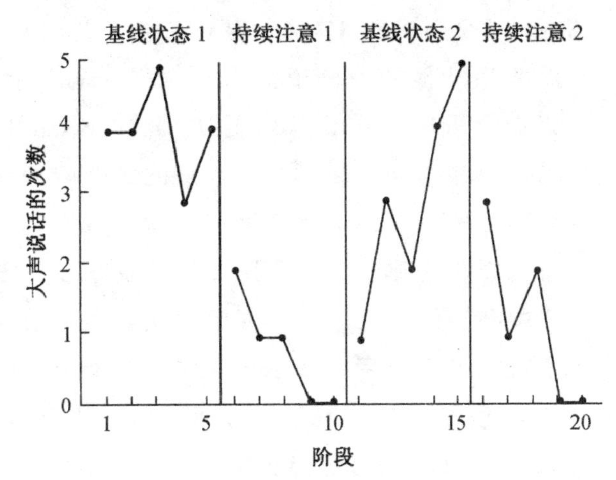

图 4-7　Johnny 在课堂上大声说话的行为记录（Hall 和 Willard 等人，1971）

建议他们以实验的方式引进新政策；如果五年后没有明显改善，就继续更换不同的政策。当然，政治现实是不容许进行实验性质的社会改革的。Campbell（1969）提供了一个这方面问题的典型例子。1955 年，康涅狄格州发生了一系列交通事故，政府在 1956 年制订政策惩罚超速行驶的司机，交通事故从而减少了 12%之多。该结果一旦发生，倘若政府再作出如下声明："我们想验证惩罚政策是否导致了车祸率的下降，因此，在 1957 年，我们将放宽限速法案，以考察交通事故发生率是否会再一次上升"，那简直就是愚蠢！但这样做对排除虚无假设，得出确定的因果关系来说确实必要。

第二，实验处理的逆转也许会违反道德准则。Lang 和 Melamed（1969）研究了一个 9 个月大的小男孩（图 4-8）。他从 6 个月开始，饭后总要呕吐，医生改变了他的饮食结构，进行了相关的医学检查，甚至还实施了探测性手术，却都未发现任何器质性病变。这个男孩子出生时重 9 磅 4 盎

司，6个月时重17磅，但到了9个月时只有12磅重了。虽然医生从他的鼻子里插入一根管子输送食物，但他的情况仍不容乐观（见图4-8A）。Lang和Melamed对他进行了如下治疗：当呕吐出现时，用重复的短暂电波刺激男孩的腿，直至呕吐停止。在治疗的第三疗程，只需用一或两个短暂刺激就可以制止呕吐。到了第四天，呕吐没有出现，于是治疗随之中断。两天后，呕吐现象再次发生，治疗又继续进行了三个阶段。五天后，孩子出院了（见图4-8B）。一个月后，他的体重是21磅，五个月过后，他的体重超过了26磅，并且呕吐再没发生。虽然该处理与A—B—A—B设计有相似之处（有简短的复发），但实验者并非有意增加疗程，也不是

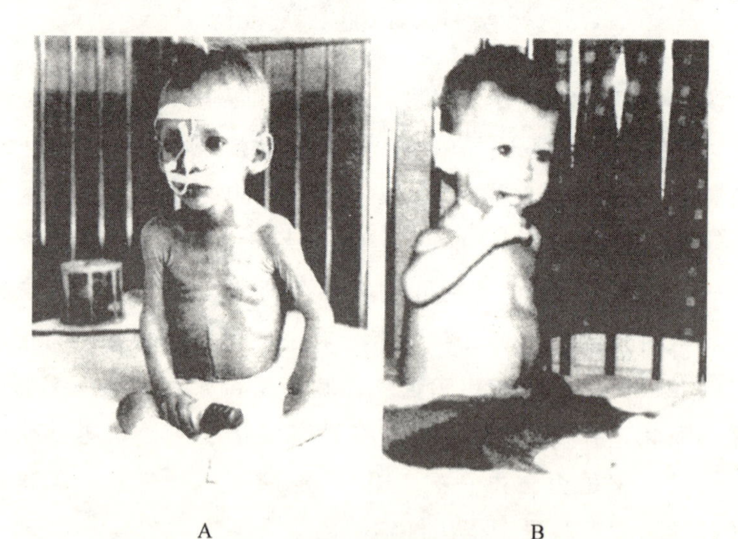

图4-8 对9个月大患有频繁呕吐症的男孩进行治疗（A）治疗前；（B）治疗后（左图为治疗前观察阶段拍的照片，孩子的身上缺乏脂肪，瘦骨嶙峋。脸上用胶带将鼻饲管固定住。右图为孩子离开医院时拍的照片，与左面的照片相距13天。男孩体重增加了26%，圆圆的脸，圆圆的胳膊，微微鼓出的肚子。（Lang和Melamed，1969））

故意移除 B 以获得新的基线——研究者认为问题已经得到解决于是就不再进行治疗。我们相信你已经能理解为什么出于伦理道德的考虑要选择 A—B 设计，而不选择更严格的 A—B—A—B 设计了。

最后，如果在实验过程中被试有学习过程，那么采取实验处理的逆转不仅没有必要，而且也是不可能和不道德的。Conway 的 Central Arkansas 大学学生 Bobby Traffanstedtt（1998）采用 A—B 设计来调节一个 10 岁的小男孩看电视和参加体育锻炼的行为。Traffanstedtt 想教会小男孩在看电视上少花些时间，而将更多的时间用于运动。

他使用塑造和强化的操作性程序，对小男孩进行了几周的实验。图 4-9 显示了基线行为（第 1 周）和后测行为（第 2—9 周）的测量结果。很显然，我们用肉眼就能判断数据很具有说服力。Traffanstedt 成功地让小男孩学会少花时间看电视，多花时间做运动，他不想“消除”这种学习效果，再让男孩回到基线状态。在第 2 周至第 9 周中，Traffanstedt 曾试着逐步减少强化，但效果还是逐渐上升，所以返回基线状态不太可行。况且，既然已经习得了新的行为，使男孩回到基线状态就失去了意义。

从以上这些内容，我们可以得出如下结论：作为实验者，你也许会发现自己处于进退两难的境地。一方面，你了解如何进行正确的实验设计，明白作出因果关系解释所必需的条件。另一方面又要考虑现实情况。这种情况的最好解决办法是，使用你所能使用的最贴切的实验设计；即使不能使用现有的最好设计，也不要放弃一个重要的课题。

前面介绍了 A—B、A—B—A 和 A—B—A—B 设计，这仅仅是对单被试设计作了肤浅的讨论。我们介绍的设计都是

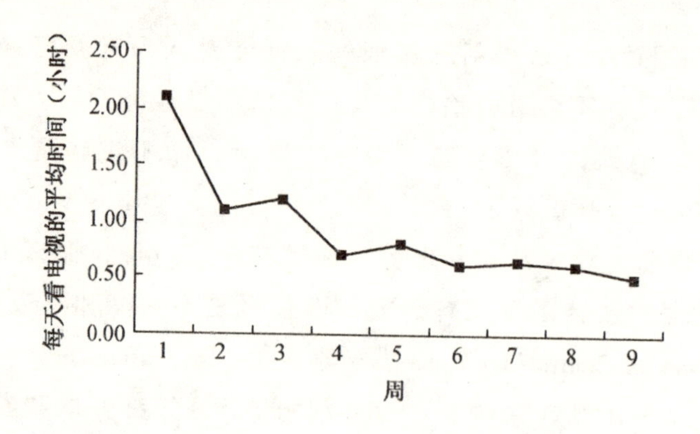

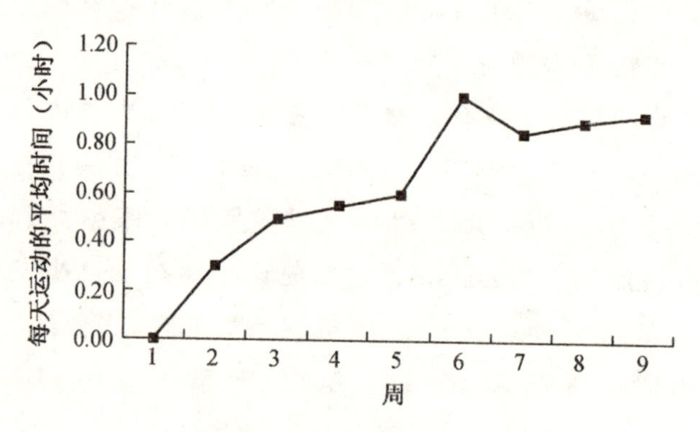

图 4-9 教一名 10 岁的男孩少看电视多运动
（Traffenstedt, 1998）

你将来最有可能会用到的，我们的参考文献中有许多介绍单被试设计的著作。Hersen 和 Barlow（1976）的书中包含了许多单被试设计的变式，包括多基线设计，多时间段设计和交互作用设计。因此，如果你想了解一个比本书所讨论的设计更复杂的单被试设计，我们推荐你参考 Hersen 和 Barlow 的书或其他类似的关于单被试设计的著作。

本章小结

综上所述，力所能及的情况下利用多变量实验，可以揭示更多的信息；而被试间设计或被试内设计的选择各有利弊，要视情况进行选择；在被试极端缺乏的情况下，借助小样本设计同样能够得到有说服力的结论。

通过这一章的介绍，读者对几种主要的实验设计有了初步的了解。目前，心理学研究文献中的实验设计方法基本上都是从上述各种方法中演化出来的，所以读者掌握好这些基本的实验设计对于今后进行心理学研究和学习大有裨益。当然，这些远没有穷尽实验设计的所有内容。实验设计已构成了独立的学科，而且正日新月异地飞快发展。必须强调的是，一名优秀的实验者必须掌握对实验进行合理设计的能力，因为实验设计是实验成功的关键。

第五章　实验心理学研究内容大探究（Ⅰ）：心理物理学

在社会科学中常常是，碰巧能测量的东西被当做是重要的。

——哈亚克

假设你想确定阿司匹林是否能减轻疼痛，那么该怎么做呢？你需要设计一个实验，在这个实验中你要测量被试的阿司匹林摄入前与摄入后的疼痛反应。这样的描述看起来比较直接，但它也是测试镇痛剂（缓解疼痛的药物——如阿司匹林）作用程度的常规方法。

哈迪、沃尔夫和古德尔（1952）做了大量实验来研究被试前臂对热的反应，所用的仪器是一个类似热吹风的装置（被称为“热辐射仪”），操作时该仪器可以对准被试身上的一小块区域辐射不同强度的热量（它的单位通常以受刺激区域单位面积承受的卡路里来表示，而不用温度）。被试的疼痛值以其感到疼痛时的热强度值来表示。

实验程序是：先测服用镇痛剂（如阿司匹林）前报告疼痛的热强度值，再测服用之后的热强度值。如果服用阿司匹林后，致使被试感到疼痛的热强度值提高了，那么可知阿司匹林确实具有镇痛作用。当然这正是哈迪和同事们所希望看到的。这起码是他们利用具有较丰富经验的被试（他们自己）进行实验后，所检测到的结果。但是让他们吃惊的是，当他们对毫无经验的被试（80名招募的军人）进行实验时,发现一半以上的被试，其结果与上述相反（即服用阿司匹林后，感到刺激疼痛的热强度值反而降低了）。

上述出乎预料的结果是由多个因素引起的，本章将讨论其中的部分原因。为此我们将引入一门古老的科学心理学的研究领域——心理物理学，来研究这些问题。心理物理学所描述的是那些由于物理量的变化而引起的心理反应。

心理物理学（psychophysics）是一门研究心理现象和物理刺激之间对应关系的学科。1860年，费希纳《心理物理学纲要》的面世，宣布了心理物理学的诞生，其主要贡献在于开创了心理事件的量化方法。他所建立起来的理论后来被称为传统心理物理学。在此后的发展中，信号检测论成功地在感觉测量中把人的主观因素和客观感受性分离，对传统心理物理法中的感觉阈限概念予以扬弃，继而推进了心理物理学的全面发展。为了与费希纳的传统研究相区别，包括数量估计法以及信号检测论在内的研究方法和成果统称为现代心理物理学。本章将循着心理物理学的发展过程，对传统和现代心理物理学的研究方法进行介绍。

第一节　传统心理物理学：阈限

一、感觉阈限的测量

传统心理物理学的研究从对感觉阈限的测量开始。感觉阈限（sensory threshold），简称阈限，是用于测量感觉系统感受性大小的指标，用刚能引起感觉的刺激量来表示。可分为绝对感觉阈限和差别感觉阈限两类。绝对感觉阈限测量感觉系统的绝对感受性。例如，把一个非常轻的物体慢慢地放在被试的手掌上，被试不会有感觉，但如果一次次地稍稍增加其重量，并达到一定数量时，就会引起被试的感觉反应。这个刚能引起感觉的最小刺激量称为刺激阈限或感觉的下绝对阈限。当引起感觉的刺激量继续增加，并超过一定限度时，就会使该感觉受到破坏，引起痛觉。能够引起感觉的最大刺激量为上绝对阈限。从下绝对阈到上绝对阈之间的距离是有关感觉性的整个范围。表 5-1 中呈现的就是几种不同感觉的绝对阈限。

表 5-1　几种不同感觉的绝对阈限

感觉通道	绝对阈限
视觉	晴朗黑夜中 50 千米处看到的一根燃烧的蜡烛
听觉	安静条件下 6 米外手表的滴答声
味觉	一茶匙糖溶于 9 升水中
嗅觉	一滴香水扩散到三室一套的整个空间
触觉	一只蜜蜂的翅膀从 1 厘米高处落在你的面颊

在已有感觉的基础上，为引起一个差别感觉，刺激必须

增加或减少到一定的数量。不同感觉通道或不同人之间，对差别的感觉能力是不同的。刚能引起差别感觉的刺激的最小变化量称为差别感觉阈限或辨别阈限。

阈限的概念虽然不难理解，但却不易测量。这是因为，人们对刺激的感觉总会因为环境或自身状态等因素而产生随机的变动——甚至在相同的环境和身心状况下，被试可能对同一物理刺激报告“有感觉”、“无感觉”或“一点点感觉”等多种反应。也就是说，在实际测量中，不存在一个心理感受从无到有的突变点，因此仅根据理论定义是无法测量阈限的。

为此，心理学家根据统计学原理提出了阈限的操作定义：绝对阈限是有50%的实验次数能引起感觉的刺激值；差别阈限是50%的实验次数能引起差别感觉的那个刺激强度之差。这样，通过把“刚刚感受到”定义为“在实验中有50%次感受到”，就可测定感觉阈限了。有了操作定义之后，如何施加物理刺激，记录被试相应的反应，从而根据定义计算阈限值就成了实验需要解决的主要问题。对此，费希纳提出最小变化法、恒定刺激法和平均差误法这三种经典的阈限测量法。

1. 最小变化法

最小变化法（minimal-change method）又称极限法（limit method）、序列探索法（method of serial exploration）、最小可觉差法（或最小差异法）（method of least difference）等。最小变化法是将刺激按递增或递减序列的方式，以间隔相等的小步变化，寻求从一种反应到另一种反应的转折点，即阈限的位置。

（1）实施程序

最小变化法中的刺激序列由不同强度的物理刺激构成。每个序列一般选择 10 到 20 个刺激强度水平，按强度大小排列。刺激序列分为递增和递减两种。递增序列的起点安排在被试基本觉察不到的物理刺激强度范围内，随机选择；递减序列的起点安排在被试基本可觉察到的物理刺激强度范围内，随机选择。为了更准确地测量阈限，每个刺激序列一般都需要测定 50 次左右。各序列从起点开始，按递增或递减方向，依次呈现给被试。每次呈现刺激后都要让被试报告有无感觉，若被试拿不准，可让他猜测“有”或“无”，但不可放弃。每个序列都要进行到被试的反应发生转折时才能停止，亦即，在递增时直到第一次报告“有”，递减时直到第一次报告“无”之后，该系列才停止，然后再进行下一个系列。

（2）阈限的计算

在计算绝对阈限时，首先要计算每个刺激系列的阈限：在一个刺激系列中，被试报告“有”和“无”这两个报告相应的两个刺激强度的中点就是这个系列的阈限。然后求出所有刺激序列的阈限均值，作为最终的绝对阈限。

（3）误差及其控制

最小变化法的最大特点就在于，其实验程序和计算结果相当程度上依赖于递增和递减两类刺激系列。用最小变化法测量阈限时所产生的误差就与此特点有关，控制误差的主要方法也在于这两类刺激系列的构成和安排上。

最小变化法测定绝对阈限产生的误差主要有两类：第一类包括习惯误差和期望误差；第二类包括练习误差和疲劳误差。

习惯误差和期望误差

实验中，刺激是按一定顺序呈现的，被试会在长序列中有继续给予同一种判断的倾向：如在递减序列中继续说“有”或“是”；在递增序列中继续说“无”或“否”。被试由于习惯于前面几次刺激所引起的反应偏向叫作习惯误差。一旦产生习惯误差，则在递增序列中，即使刺激强度早已超出阈限，被试仍报告感觉不到，这就会使测得阈值偏高；相反，递减序列中，即使刺激强度早已小于阈限，被试仍报告有感觉，这就会使测得阈值偏低。例如图 5-2 中的爸爸由于之前一直做同样的反应，因此在看到自己的儿子时，也习惯性地对着光验明真身。这就是一种习惯效应。

与习惯误差相反的是期望误差。它表现为被试在长的序

图 5-2　习惯的影响

列中给予相反判断的倾向，期望转折点尽快到来。一旦产生期望误差，则在递增系列测定阈限时，阈值就会偏低；递减序列测定阈限时，阈值就会偏高。检验是否存在习惯误差或期望误差的办法是：分别计算出递增序列和递减序列的阈值大小，如果在递增序列中求得阈值显著大于递减序列，则表示有习惯误差；反之，如果在递增序列中求得阈值显著小于递减序列，则表示有期望误差。控制习惯误差和期望误差的方法是交替呈现递增序列和递减序列，并且随机选择每个序列的起点，这样可以有效地防止被试形成习惯或期望。

练习误差和疲劳误差

练习误差是由于实验的多次重复，被试逐渐熟悉了实验情景，或对实验产生了兴趣和学习效果，从而导致反应速度加快和准确性逐步提高的一种系统误差。与此相反，由于实验多次重复，疲倦或厌烦情绪随实验进程逐步发展，导致被试反应速度减慢和准确性逐步降低的一种系统误差，称之为疲劳误差。当被试连续半个小时，一直在判断左边和右边，谁的声音更大时，他很可能就会像图 5-3 中的大叔一样疲劳，判断的速度和准确性都会变得糟糕。

图 5-3　天哪，到底哪边更响呢？

练习可能使阈限降低，而疲劳可能使阈限升高。为了检查有无这两种误差，需要分别计算出前一半实验中测定的阈限与后一半实验中测定的阈限，若前者比后者大，且差异显著，就可以认为测定过程中有练习因素的作用；相反地，若前者比后者小，且差异显著，就可以认为测定过程中有疲劳因素的作用。

为控制练习误差和疲劳误差，应使最小变化法中的递增、递减序列按 ABBA 的顺序交替呈现。如以“↑”代表递增，“↓”代表递减，以四次为一轮，就可以按照“↓↑↑↓”或“↑↓↓↑”进行排列。总之，递增和递减各自所用的次数要相等，整个序列中在前在后的机会也要均等。这样，即使整个实验过程中存在练习效应或疲劳效应，也会平均作用在递增或递减系列上，不至于产生额外的干扰。

综上所述，最小变化法的特点是：（1）刺激按系列依次呈现，被试作觉察与否（或大小判断）反应；（2）系列起始位置随机，各强度水平之间差异要较小以保证精确性；（3）递增和递减系列的数量相等，交替呈现，多用 ABBA 法控制；（4）求阈限的方法是对每一系列先分别求阈限，随后以所有系列的阈限平均值作为最终的阈限值。

2. 恒定刺激法

恒定刺激法（或固定刺激法）（method of constant stimulus）又称正误法（true-false method）、次数法（frequency method），它是心理物理学中最准确、应用最广的方法，可用于测定绝对阈限、差别阈限和等值，还可用于确定其他很多种心理值。恒定刺激法是以相同的次数呈现少数几个恒定的刺激，通过被试对每个刺激觉察到的次数来确定阈限。

（1）实施进程

恒定刺激法中选用的刺激明显少于最小变化法，它一般只需要 5 到 7 个不同的刺激强度：最大的刺激应为每次呈现几乎都能为被试感觉到的强度（被感觉到的可能性不低于95%）；最小的刺激则应为每次呈现几乎都不能感觉到的强度（它被感觉到的可能性应不高于5%）。选定的刺激在整个测定过程都固定不变，并向被试多次呈现（一般每种刺激呈现50到200次），呈现的次序事先都会随机安排，因此被试无法预测。最后，该方法要求记录各个刺激变量引起某种反应（有、无或大、小）的次数。

下面以两点阈的测量为例来说明恒定刺激法的实施程序。两点阈是指两个刺激点同时作用于皮肤时，皮肤能感觉到两个刺激点的最小距离，它可以代表人的皮肤对触觉刺激的分辨能力。它的操作定义为：50%的次数能感觉到同时呈现的两点刺激时所对应两刺激点间的距离。用恒定刺激法测两点阈时，从略高于感觉到略低于感觉这一范围内选择5到7个等距的刺激强度。就本例而言，首先选出距离最大和最小的两点刺激，分别为12毫米和8毫米，然后以1毫米为间隔确定中间的5个两点刺激：各刺激的两点距离分别为8、9、10、11、12毫米。

然后以上5个两点刺激各呈现200次，顺序随机。每次刺激呈现后，要求被试者以口头报告方式，在感觉到两点时，报告“有”，主试记录“+”；感觉不到两点时，则报告“无”，主试记录“-”。然后根据被试对不同刺激所报告“有”或“无”的次数求出各自的百分数，以此计算阈限。本例的实验记录结果见表5-2。

表5-2 用恒定刺激法测定两点阈的实验记录

刺激(毫米)	8	9	10	11	12
报告“两点”的次数	2	10	58	132	186
报告“两点”的百分数(%)	1	5	29	66	93

（采自Woodworth和Schlosberg，1954）

（2）阈限的计算

根据阈限的操作定义，两点阈应为50%的次数被感觉到的那个刺激大小，但是在表4-5中，并没有一个刺激是恰好50%次被感觉到的。当刺激为10毫米时，其正确判断率为29%；当刺激为11毫米时，其正确判断率为66%。因此，满足操作定义的阈限值必在10~11毫米之间。为了求出这个值，最常用的方法是直线内插法。直线内插法是将刺激作为横坐标，正确判断的百分数作为纵坐标，由记录的刺激反应结果描出曲线；找到纵坐标为50%时（即判断有感觉的百分率为50%）曲线相应点的横坐标大小（即两点的刺激距离）。如图5-5，该实验的两点阈就是a点对应的横坐标10.57毫米。

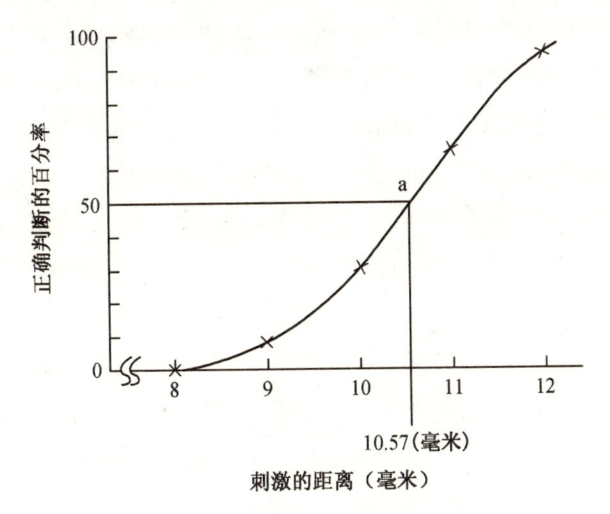

图5-5　直线内插法求两点阈

（采自Woodworth和Schlosberg, 1954）

综上，恒定刺激法的特点在于：（1）只采用少数固定刺激，根据被试作有无和大小的判断反应的频数来确定阈限；（2）刺激按事前定好的随机顺序呈现，一般每个刺激呈现 50 到 200 次；（3）阈限值用直线内插法求得，完全符合阈限操作定义（75%差别阈限除外）。

3. 平均差误法

平均差误法（或均误法）（method of average error）又称调整法（method of adjustment）、再造法（method of reproduction）、均等法（method of equation），是最古老且基本的心理物理学方法之一。虽然它最适用于绝对阈限的测量，但也可以测量差别阈限。

（1）实施进程

平均差误法要求被试亲自参与，因此它更能调动被试的实验积极性。在测定差别阈限的实验中，标准刺激由主试呈现，随后被试开始调整比较刺激。按照比较刺激的起始值大于或小于标准刺激，被试的调节方向也分为渐减和渐增两种。例如，测定长度差别阈限的实验可能是这样的：标准刺激为长度 40 厘米的线段，每次在标准刺激的左边或右边呈现明显长于或短于标准刺激的比较刺激，要求被试将比较刺激缩短或拉长，直到感觉它与标准刺激长度相等为止。主试记录每次调整的结果，以备计算。

在平均差误法测定绝对阈限时，没有标准刺激存在；但我们可以假设，此时的标准刺激为零，即由被试将比较刺激与“零”相比较。这样，绝对阈限的测量程序和差别阈限就完全一致了。例如，对 1 000 赫兹纯音的响度绝对阈限的测量是这样的：实验每次都呈现某个响度的 1 000 赫兹纯音刺激，由被试调节到刚好听不到为止；主试记录每次调节的结果。当然，由于听觉阈限不可能是“完全没有声音”，它对应着某一个比较小的物理量。因此，我们可以对上述实验程序加以改进：例如，在一半的实验中纯音刺激从肯定听不到的强度开始（如 –40 分贝或 –50 分贝），被试则要将纯音刺激调响，直到刚好听见为止。

（2）阈限计算

平均差误法的绝对阈限就是被试每次调节结果的算术平均数。而差别阈限的计算则稍微复杂一些。平均差误法求差别阈限，所得只是一个估计值，称为平均差误（average error，用符号 AE 表示）。有两种计算方法：

① 对每次的调整结果（X）与主观相等点（PSE，即多次调整结果的平均数）之差的绝对值加以平均，这个差别阈限的估计值用符号 AE_M 表示：

$$AE_M=\frac{\sum |X-\mathrm{PSE}|}{N}$$

② 对每次调整结果（X）与标准刺激（S_t）之差的绝对值加以平均作为差别阈限的估计，用符号 AE_{st} 表示：

$$AE_{st}=\frac{\sum |X-S_t|}{N}$$

（3）误差及其控制

平均差误法中，一般由被试自己操纵实验仪器来调整比较刺激，使其与标准刺激相等。这个操作仪器的过程因被试采用的方式不同而容易产生动作误差；若标准刺激和比较刺激是相继呈现的，又易产生时间误差。因此，实验应对它们加以控制。控制方法依具体实验不同而不同，一般来说可采用多层次的 ABBA 法，包括使比较刺激从小到大，从大到小两方面来进行调整，以便控制动作误差等。

这里以长度差别阈限的测量为例，来说明平均差误法测定差别阈限时可能产生的误差及误差的控制。实验所用仪器是高尔顿（Galton，1883）长度分辨尺。长尺中央有一分界线，分界线两侧各有一游标，尺的背面有刻度，可向主试显示被试在比较标准刺激与比较刺激时的差异。若标准刺激是150毫米，则被试的任务是调节比较刺激，使之与标准刺激相等。因长度分辨尺是视觉的，所以标准刺激设置的位置不同（或左侧或右侧），易引起空间误差。又因比较刺激的初始状态不同（或长于标准刺激或短于标准刺激），被试调整时或向里或向外移动游标的动作方式不同，所以易产生动作误差。为了控制这些误差，在整个实验中，标准刺激要有一半的次数在左边，另一半的次数在右边。

综上，平均差误法的特点在于：（1）刺激不再是一系列间隔相等的强度序列，而是由与标准刺激明显不同的起点开始，向调整的最后结果连续变化；（2）被试主动参与刺激的调节；（3）以平均差误求得的差别阈限是一个估计值，并不完全符合阈限的操作定义。

二、阈上感觉的测量——心理量表法

心理物理学中有一句名言：任何存在的事物，不论它是痛感的强度，还是对金钱的态度，都是以某种数量的方式存在着的。那么以某种数量方式存在的任何事物都可以测量。测量是一种给事物及其属性赋予数目或名称的系统方法。当我们赋予事物及其属性数量或名称时，我们就需要一个量表，该量表来自于不同的测量操作。例如，当测量温度时，我们常使用温度表。但是温度表用来测量质量就不适合了，质量应以千克来测量。我们会看到，不同的测量操作产生不同的量表，不同的量表提供不同的信息。

1. 心理量表的属性

量表共有四种属性。分别是差别、强度、等距和绝对零点：

- **差别：** 事物及其属性在某些方面具有的差异。例如，180 厘米和 160 厘米不一样长；男生和女生在性别上不同。
- **强度：** 指量表能表明某一属性是大于、小于或等于该属性的另一事物。例如莫斯量表（Mohs’ scale）可确定矿物质的硬度，金刚石比石英硬，石英又比云母硬。某人对旧金山大地震的恐惧程度进行了调查（无、一般、很大），结果可以得到不同人的恐惧程度。
- **等距：** 指两种属性的量值是否等距。华氏或摄氏温度量表是等距的，因为无论是非常高的温度，还是非常低的温度，每一度的变化，在强度上都是一样的。对于典型的智力测验，测定智力程度时，也是等距的。像众所周知的智商 IQ 的测试，125 分和 120 分之间与 90 分和 85 分之间，都相差 5 分，被认为是等距的。
- **绝对零点：** 指被测属性的量值为零的状态存在的情况。华氏和摄氏温度量表没有绝对零点，因为量表中的零点没有反映出零温度。而用凯尔文量表（Kelvin scale）可以确定零温度——称为绝对零点。

2. 量表的类型

心理物理学家常采用四种量表：称名量表、顺序量表、等距量表和比例量表，当然还有其他几种量表。四种量表是根据它们不同的测量属性而区分的。这四种量表所包含的信息量是逐渐增加的，而且后一种量表包含着前一量表的属性。这意味着，比例量表可以对数据进行统计分析，但其他三个则不能（见附录 B）。另一个含义是，属性越多的量表提供的信息也越多。

(1) 称名量表

称名量表只能测量差别属性。名称量表只是把事物或属性归于不同的类别。例如，邮政编码就是一个名称量表，它把不同的信址分成不同的类别，此外再无它用。在称名量表中对名称不能进行有效的数学运算，所以称名量表的功能较弱。比如，中国所有的沿海城市的邮政编码的平均分数能说明什么呢？不能说明什么，因为数字仅代表地域特征，并非基于任何明显的数量或程度。同样，性别是在称名水平上被测量的，不可能对类别名进行求平均数的运算。即使类别名是数字，比如让男 =1，女 =2，这种赋值也是武断的，并不是基于量的程度上的差别。因此对名称量表中的数字求算术平均数是不适当的。把一个人归于某一特殊类别，就像给人取个名字一样，只是告诉我们这个人与别人不同。一个称名的数字并不能帮助我们去测量人的属性程度差异。

(2) 顺序量表

顺序量表是用来测量程度上的差异的，可以通过让人们对一系列事物进行排序来获得。例如，根据吸引力，你把所有异性朋友进行排序，那么你得到的就是一个顺序量表。你排列的第一名就是最具吸引力的，第二位次之，依次类推。如果你想照此对你的朋友排序，应该注意的是：表中对于所排人的相邻吸引力数值间的差异是不等的。前两人在吸引力方面可能相差无几，但第六名和第七名之间的差别就可能很大。因此顺序量表没有等距的属性，不能对其数据进行数学运算。从得到的量表中，你可以知道第三名比第七名更有吸引力，但却无从知道两者间的差距究竟有多大。

(3) 等距量表

因为在整个量表中临近值间的距离是相等的，所以我们可以对等距量表进行加减运算。等距量表具有差别、强度和等距三个属性。例如，温度由35℃升至36℃和由22℃升至23℃，都是升高了1℃的相同温度变化。如前面提到的，许多心理物理学家把IQ的分数当作等距量表水平上的数值，来计算IQ的平均值。但是很难证实在全量表中IQ的间距差别是相等的。对此心理物理学家采取了一种谨慎的态度，他们把IQ分数当成了顺序数值。如果IQ分数属于顺序量表，那么我们就不能假定124距120的差异与104距100之间的等同。这时我们所能说的，只是IQ值124比120更高；同理，104比100更高。

(4) 比例量表

比例量表具有量表的全部四个属性，即差别、强度、等距和绝对零点。因此比例量表提供了大量的信息，并且常常被认为是心理测量中最为有效的方法。因为比例量表有一个绝对零点，所以我们可以确定量表中数值的比值（故称为比例量表）。例如，即使IQ的测量是等距的，也无法确定120分的IQ值是60分的两倍。再比如，心理学中使用的一个典型的比例量表是人们完成任务的时间，若时间等于零，这个零就意味着没有花费时间去完成任务；时间上（4分钟：1分钟）=（20分钟：5分钟），即这两个时间阶段的比率都是4：1。

专栏5-6中提供了2006年中国城市在许多方面的排行，请你想一想，这种排行属于哪一种量表？

中国城市竞争力报告

2006年3月，中国社会科学院发布了《城市竞争力蓝皮书：中国城市竞争力报告No.4》。该报告对中国200个城市综合竞争力进行了计量和比较，前20强依次是：香港、台北、上海、北京、深圳、广州、高雄、澳门、新竹、基隆、宁波、苏州、台南、天津、厦门、大连、无锡、沈阳、青岛。

报告对最具综合竞争力前60名城市的8个分项竞争力进行了计量和分析。其中：

（1）人才本体竞争力前20位的城市分别是：香港、台北、高雄、新竹、上海、台中、北京、深圳、广州、基隆、无锡、台南、宁波、杭州、武汉、苏州、沈阳、珠海、温州、中山。

（2）企业本体竞争力前20位的城市分别是：香港、高雄、台北、台中、新竹、佛山、深圳、台南、广州、基隆、大庆、厦门、苏州、上海、中山、珠海、宁波、常州、芜湖、青岛。

（3）产业本体竞争力前20位的城市分别是：北京、香港、上海、深圳、广州、重庆、天津、成都、长沙、台北、海口、武汉、福州、杭州、郑州、台州、济南、南昌、高雄、西安。

（4）公共部门竞争力前20位的城市分别是：台北、香港、高雄、台中、上海、台南、北京、新竹、基隆、广州、厦门、深圳、珠海、佛山、苏州、大庆、南昌、武汉、杭州、大连。

（5）生活环境竞争力前20位的城市分别是：台北、深圳、高雄、香港、北京、新竹、基隆、上海、台中、广州、澳门、台南、珠海、厦门、杭州、昆明、大连、成都、长沙、中山。

（6）商务环境竞争力前20位的城市分别是：香港、广州、高雄、上海、无锡、台北、珠海、苏州、厦门、深圳、台中、宁波、青岛、成都、威海、绍兴、台南、大连、杭州、扬州。

（7）创新环境竞争力前20位的城市分别是：香港、台北、高雄、深圳、新竹、厦门、上海、北京、珠海、无锡、广州、武汉、佛山、杭州、台中、苏州、成都、台南、青岛、大连。

（8）社会环境竞争力前20位的城市分别是：香港、台南、基隆、新竹、台中、高雄、台北、无锡、扬州、澳门、南通、芜湖、威海、珠海、绍兴、沈阳、大连、徐州、烟台、南昌。

该年度报告采用模糊曲线的方法，分析竞争力对综合竞争力的贡献弹性，影响城市竞争力的最重要的因素是城市人才和市民素质，其次是城市产业；报告通过60个城市近6 000个居民54个问题的问卷调查发现：表现最差的五个方面是：市民对医疗服务的满意度，城市特权对机会均等的破坏难度，城市城乡社会保障的差距，城市城乡公共服务的差距，城市医疗收费合理性。

第二节 现代心理物理学：信号检测论

传统心理物理学中，阈限是作为感觉的最小极限而存在的，它是一个只与感受性有关的量。因此如果物理刺激强度一定，那么同一被试对该刺激的心理反应就不应发生显著变化。但是，许多心理物理学研究都对这种阈限概念提出了质疑。

事实上研究者证明，在一系列实验中，如果刺激出现的概率很大，比如达到90%，被试就倾向于回答“有”；相反，若刺激出现概率很小，只有1%，被试就更倾向于回答“否”。例如，雷达操作员的监测工作：理想的雷达操作员应始终保持对显示屏的注意，然而由于飞机信号出现的概率实在太小，操作员总是会出现漏报现象，这也就是所谓的警戒衰退。

除了刺激出现的概率，决策后果也会影响阈限。比如同样对于雷达操作员，漏报敌机来袭所付出的代价十分高昂（生命损失）；虚报的代价相对小些（遭到训斥）。那么他就会倾向于设定一个较宽松的决策标准，更容易产生“是”反应。

由于先定概率和决策后果能影响阈限测量的结果，所以可想而知，被试形成反应的过程并不是一个纯粹的对物理刺激进行感受的过程，而是包括客观的感觉过程和主观的决策过程两个部分，被试对物理刺激的判断是在两个过程共同作用下完成的。传统心理物理学虽然认为阈限是一个衡量感受性的指标，但实际上它同时受到感受性和被试主观因素的影响。因此，如何分离测量中感受性和主观的反应偏向就成为改进阈限概念的关键。信号检测论就是在这样的背景下被引入心理物理学的。

一、信号和噪音

信号检测论本是信息论的一个分支，研究对象为信息传输系统中信号的接受部分。它最早用于通讯工程，借助于数学的形式描述“接受者”在某一观察时间将掺有噪音的信号从噪音中辨别出来。信号检测论进入心理学后，成了现代心理物理学的重要组成部分。它假设人们在对刺激进行感知时，干扰（也即噪音）总是存在的，即人作为一个接收者对刺激的辨别问题可等效于一个在噪音中检测信号的问题。

信号（signal）和噪音（noise）是信号检测论中最基本的两个概念。在心理学领域，信号检测论所指的信号可以理解为刺激。例如在实验中要求被试判断是否看到了亮光，这里的亮光就是信号，而被试的任务就可以相应地理解为“信号检测”，即判断“有信号”还是“无信号”。在信号检测论中，噪音就是对信号检测起干扰作用的所有背景。这里的“噪音”是广义的，它不是针对纯音信号出现时其他的噪音而言的，对信号起着干扰作用的因素都可当作“噪音”，例如，在视觉实验中，伴随着亮点信号出现时的照度均匀的背景也叫做“噪音”。信号检测论假定，噪音总是存在于系统之中，无法消除——无论这个系统是一个收音机，还是人的神经系统。“信号检测”任务，就是要把信号和它们的噪音背景区分开来。

由于噪音是始终存在的，因此阈限实验其实是在信号和背景不易分清的条件下进行的。在信号的先定概率不为1的实验中，就相当于有时只呈现噪音刺激（以N表示），有时信号刺激和噪音刺激同时呈现（以SN表示），让被试对信号刺激做出反应，被试每次都要判断所接受到的仅仅是噪音背景还是在噪音背景上叠加了信号。由于对信号和对噪音的感觉强度都受各种随机因素影响，因此不论是只呈现噪音刺激，还是信号和噪音同时呈现，被试的反应都不是唯一的，而是在心理感受量值（感觉强度）上形成两个分布：信号加噪音（SN）分布和噪音（N）分布，前者也常常简称为信号分布。由于信号总是叠加在噪音背景之上，因此总体上信号分布总是比噪音分布的心理感受更强些，如图5-7所示。

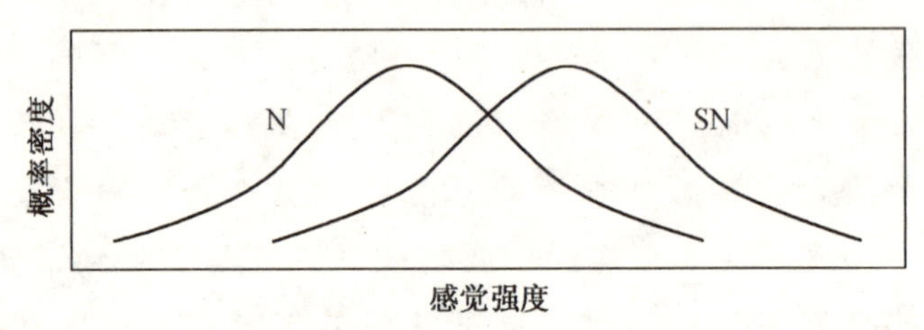

图 5-7　噪音和信号 + 噪音的理论分布

图 5-7 中 N 所标示的曲线是噪音分布曲线，SN 则标示噪音加信号分布曲线。两条曲线的重叠部分意味着，同样的心理感受（或感觉强度）既可能由噪音引起，也可能是由信号产生。两个分布越接近，重叠程度就越高，被试就越难分辨一个心理感受是由噪音还是信号引起的。可见，两个分布的重叠程度决定了被试对噪音和信号的辨别力，即感受性。另外，既然同样的感觉既可能由噪音也可能由信号引起，那么被试作出有无信号的判断时就需要有一个决策标准。在此标准之上的感觉强度，被试判断为“有”信号；相反则判断为“无”。这个决策标准是在信号先定概率和决策后果等因素的影响下形成的，它决定了被试的反应偏向：标准越严，被试的判断就越倾向于“无”；标准越宽松，被试就越倾向于判断“有”。

如果将信号检测论的这个模型与传统的阈限测量相比

较，就会发现传统的阈限测量实际上是假设：无论对于噪音还是信号，被试的感觉强度都是唯一的。而信号检测论则认为无论对于噪音还是信号，被试的感觉强度都不是唯一的，而是形成一个感觉强度的正态分布。我们认为，传统的阈限测量假设是一个理想的情况，而信号检测论的模型更能反映真实的测量情况。利用这一模型，可以借助两种独立的指标分别表示被试的辨别力和反应偏向，从而将阈限测量中的感受性因素和非感受性因素完全区分开。

二、两种独立指标

如前所述，信号检测论把刺激的判断看成对信号的侦察并做出抉择的过程，其中既包括感觉过程也包括决策过程。感觉过程是神经系统对信号或噪音的客观反应，它仅取决于外在的刺激的性质，即信号和噪音之间的客观区别；而决策过程受到主观因素的影响。前者决定了被试的感受性大小，信号检测论多选用辨别力指标 d' 来作为反映客观感受性的指标；后者则决定被试的决策是偏向于严格还是偏向于宽松，信号检测论用似然比标准 β 或报告标准 C 来对反应偏向进行衡量。由于信号检测论认为感觉过程和决策过程是相互独立的，因此对应的辨别力指标和反应偏向指标也是相互独立的。

在介绍这两种指标之前，我们先把被试在感觉辨别实验中的反应划分为 4 种：击中、虚报、漏报和正确拒斥，见表 5-3。在实验中，两种独立指标都是通过这 4 种反应的概率计算出来的。

表 5-3 信号检测论实验中观察者的 4 种反应

刺激	反应	
	有信号	无信号
信号＋噪音	击中(H)	漏报(M)
噪音	虚惊(FA)	正确拒斥(CR)

4 种反应概率之间存在如下关系：

$$P(H)+P(M)=1$$

$$P(FA)+P(CR)=1$$

其中：

$$P(H)=\frac{\text{击中的次数}}{\text{击中的次数}+\text{漏报的次数}}$$

$$P(FA)=\frac{\text{虚惊的次数}}{\text{虚惊的次数}+\text{正确拒斥的次数}}$$

1. 反应偏向指标 β

信号检测论假设，观察者选择某一个似然比的值作为产生“信号”、“噪音”两种反应的分界点，或称决策标准 β。似然比（likelihood ratio）意指，信号加噪音引起的特定感觉的条件概率与噪音引起的条件概率的比值。当个体观察到一个给定的刺激 x 时，会产生一个似然比 L (x)的判断，即将其作为信号的感觉比上将其作为噪音的感觉。观察者的决策规则就是把当前刺激对应的 L (x)与观察者自定的决策标准 β 进行比较。如果 L (x)大于等于 β，观察者就把刺激判断为“信号”；如果 L (x)小于 β，观察者就把刺激判断为“噪音”。β 的数学定义为，给定刺激 X_c 水平上信号分布的纵轴与噪音分布的纵轴之比。

一般来说，β>1 说明被试掌握的标准较严；β 值接近或等于 1，说明被试掌握的标准不严也不松，而 β<1 说明被试

掌握的标准较松。

反应偏向β值是一个反应阈限，但这个阈限和传统阈限概念不同，它并非恒定不变，而是随信号噪音（SN）和噪音（N）两种先定概率和判定结果的奖惩办法而变动的。更准确地说，β不再是对被试感觉状态的绝对分界，而是被试主观决策反应的判断标准。

2. 辨别力指标 d'

辨别力指标d'代表被试的客观辨别力（敏感性）。当信号的物理性质确定时，敏感性可以表现为内部噪音分布与信号加噪音分布之间的分离程度。两者的分离程度越大，敏感性越高；分离程度越小，敏感性越低。d'越大，表示敏感性越高，d'越小，表示敏感性越低。

通过以上介绍的两类指标，信号检测论就可以将被试的辨别力和反应偏向区分开了。其中d'的大小反映被试客观的感受性，在一个实验中，只要信号刺激的强度不变，那么d'就是一个相对稳定的指标；β的大小反映了被试的反应偏向，即判断标准的变化，如果在实验中改变先定概率的大小或奖惩办法等条件，那么β就会有相应的改变。可见，辨别力是相对固定的，而反应偏向则会随条件的改变而改变，为了形象地表明反应偏向随实验条件改变的情况，就需要绘制接受者操作特性曲线。

信号检测论最大的优点就在于将被试的辨别力和反应偏向分开。这一优点不仅使它解决了一些传统心理物理学无法解决的难题，而且也使它在应用心理学的许多领域的应用中显示出优越性。

三、信号检测论的应用

作为一种新的心理物理学方法，信号检测论对实验心理学领域产生了巨大影响，它对应用心理学各个领域中的许多问题也具有广泛的应用价值。由于信号检测论在感觉敏感性（d'）与反应偏向（β）之间作出区分，因此，它能够分析不同被试、不同操作条件下的反应敏感性；同时，信号检测论能够分析操作的恶化是因为敏感性下降还是因为反应偏向的变化，并根据这些分析的资料对操作进行改进。下面我们讨论信号检测论在心理学中的几个主要应用领域。

1. 在医学心理学中的应用

在应用领域中，医学诊断是信号检测论大有作为的领域。异常症状既可出现于病人也可出现于正常人，医生最初的任务就是作出“是”或“不是”的决断。在这里，信号强度（将影响 d'）与异常症状的显著程度、异常症状的多少、医生对有关线索的关注（取决于医生所受的训练）有关。反应偏向的影响因素包括信号概率和支付矩阵，具体地说，前者指疾病的发病率；后者主要是诊断的可能后果。例如，如果虚惊，就诊者将接受不必要的治疗（服药还是手术？治疗有无副作用？）；若漏检，病人将延误治疗（是否会产生严重后果？）（Lusted，1976）。

下面我们举一实例来说明信号检测论的实际应用价值。根据传统心理物理学方法，痛阈乃是被试报告痛觉时的刺激强度，也就是对50%次数的刺激报告痛的强度。报告痛的次数比例高，表示痛敏感性大，即被试者对有害刺激的痛阈低；反之，报告痛的比例少，即对痛不敏感，表示个体具有高阈值。但是，信号检测论认为，一般常用的阈值测定是一种极不可靠的测痛方法。因为阈值并不单纯是感觉敏感度的指标，它还受被试者反应偏差的影响，即他愿意或不愿意报告是否有刺激存在。

这里引用克拉克（Clack，1974）关于痛感受性和报痛的研究。克拉克采用信号检测论，研究了提示对热辨别力（d'值）和反应判定标准（β）的影响，并与传统方法测得的阈值客观地进行了比较分析。通过传统的心理物理学方法表明，提示能明显地提高回缩反应的痛阈，痛阈的提高是由于痛感受的减轻所致。但是，用信号检测论对同一资料进行分析，则完全否定了这一解释。事实上，被试者的感觉辨别力（d'）始终没多大改变，所改变的仅仅是他的痛阈报告的标准而已。这正是信号检测论优越性所显示的应用价值。

2. 在记忆研究中的应用

信号检测论对实际生活中的记忆问题可提供很多帮助。一个有趣的例子是证人提供证词中的记忆问题。在这一任务中，嫌疑犯（参与犯罪即为信号，未参与犯罪即为噪音）由证人进行辨认，作出“是”或“不是”判断。这既是一个再认问题，同时也可以看作是信号检测问题。我们不妨对这一实例进行分析。在证人问题中，由于维护法律的公正和维护社会治安等动机因素的参与，证人的反应偏向β值往往偏高（漏检很少，罪犯很少逃脱，但清白者无故受冤的可能就大了），或偏低（漏检很多，罪犯就有可能逃脱，但清白者无故受冤的可能就小）。信号检测论对证人问题的直接应用是证人在若干名嫌疑者中进行辨认这一情况：证人在5到6个人组成的“队列”中进行辨认，其中一人被警察认为是嫌疑犯。这时见证人的决策实际上分成了两个阶段：（1）嫌疑者是否包括在这些人当中？（2）若包括在其中，是哪一个？见证人在回答第一个问题时，所持的反应标准较宽，通常作出肯定回答。许多研究证实，对一个短暂的突发事件来说，见证人的视觉再认记忆可靠性相当低，因此，操纵见证人辨认的“队列”，将能影响他们的反应偏向。

从信号检测论分析，有如下三点可供实际工作者参考：（1）在肯定回答中表现出很大信心的见证人（“我可肯定是他”）实际上比那些不太肯定的见证人敏感性更低；（2）告诉见证人嫌疑者有可能不在“队列”中。这一简单措施能使反应偏向（β）接近最佳反应偏向；（3）“队列”应由相似的人组成，尽管这样相似性将略微降低击中概率 $P(H)$，但它能在更大程度上降低虚报概率，其结果在敏感性上得到净收益。

此外，研究者还曾经运用信号检测论对抑郁症患者和老年痴呆患者的记忆障碍进行比较。结果发现，老年痴呆者的 d' 大大低于常人；而抑郁症的 β 大大高于常人。因此，相比较而言，老年痴呆是真正的记忆损伤，抑郁症则是在作判断时严重缺乏自信。

如何确定某个被试对红色光的敏感性？

方案一　采用最小变化法

- 控制光强度以微小步子变化

  暗→亮　　被试反应：无→有

  亮→暗　　被试反应：有→无

- 每次试验刺激系列起点随机变化
- 每次试验变化方向

  – ABBA 控制

  – 随机变化

- 每次记录被试反应变化的光强度 x
- 求所有 x 的平均数

方案二 采用平均差误法

- 被试调整红光刺激的强度：
  暗◇亮 看到光刺激停止
  亮◇暗 看不到光刺激停止
- 每次试验刺激起点随机变化
- 每次试验变化方向
  - ABBA 控制
  - 随机变化
- 每次记录被试停止时的光强度 x
- 求所有 x 的平均数

方案三 采用恒定刺激法

- 选定固定的光刺激强度：
  x_1、x_2、x_3、x_4、x_5
- 以上刺激每次随机出现一个
  被试判断看见/看不见
- 大量试验后，得到对应每个刺激的看见比率
- 估计 50%比率对应的光强度，例如：
  x_3 —46% x_4 —53.5%
  阈限 $=x_3+(50-46)(x_4-x_3)/(53.5-46)$

第六章　实验心理学研究内容大探究（Ⅱ）：反应时

在所有的批评家中，最伟大、最正确、最天才的是时间。

——别林斯基

2004年第28届雅典奥运会上，男子110米栏预赛第二轮第二组的比赛即将开始，本项目的夺冠热门美国名将阿伦·约翰逊（Allen Johnson）做好了冲击金牌的准备。然而，连续三次起跑，场上的运动员都出现了问题，直到第四次，比赛才得以顺利进行。而就在这成功的第四次起跑中，33岁的约翰逊却慢了一步。随后，他想拼命追赶，但由于太过着急，节奏乱了，身体失衡，在跨越最后一道栏时出乎意料地摔倒了。这成为了当年奥运会田径比赛中的最大冷门。事后在接受记者采访时，他表示："可能是在起跑时耽搁的时间太长，因此影响到了自己的状态。起跑以后，感觉到注意力无法集中。后来，在冲刺时位置落后，因此特别想加速赶上去，但没想到脚下发滑……"

导致这位跨栏王提前出局的原因有很多，但其中有一个重要原因便是，起跑时反应慢了。这也是心理学中的重要问题——反应时。反应时（reaction time，简称 RT）是一个专门的术语，它是指刺激施于有机体之后到有机体开始做出明显反应之间所需要的时间，它是心理学中最常用的因变量之一。下面我们先简单回顾一下反应时研究的历史；然后对反应时研究中存在的速度—准确性权衡问题、简单反应时和选择反应时等基本问题进行阐述；最后介绍反应时新法以及反应时研究的新进展。

第一节　反应时研究的简史

反应时的研究并非始于心理学，其最早开始于天文学。1796年，英国格林尼治（Greenwich）天文台台长马斯基林（Nevil Maskelyne, 1732—1811）在使用"眼耳法"观察星体经过望远镜中的铜线时，多次发现其助手比他观察的时间慢约半秒钟，台长认为这是重大的错误，就以工作失职为由把助手辞退了（见图 6-1）。这一事件在当时并没有引起人们过多的注意，直到 1820 年，德国天文学家贝塞尔（Friedrich Wilhelm Bessel，1784—1846）从《格林尼治天文台史》中得知此事后，才对这一事件进行了深入的研究。贝塞尔意识到造成记录时间差异的原因可能并不像马斯基林台长想的那样简单，而很可能是他们之间存在着某种系统差异。为了验证自己的想法，贝塞尔比较了自己和其他天文学家观察同一星体的通过时间，结果确实如他预料的一样，不同的天文学家观察到的结果存在着明显的差异。1823年，他与天文学家阿格兰德（Argelander，Friedrich Wihelm August,1799—1875）共同观察了七颗星，结果发现，二人反应时的差别是恒定的，以公式表示为：$B-A=1.233$（秒）。其中，B 是贝塞尔的反应时，A 是阿格兰德的反应时。这个等式就是著名的“人差方程式（personal equation）”，它反映了两个观察者之间在反应时间上的个体差异。贝塞尔的这一发现引起了天文学家极大的关注和热情。此后，许多天文学家对反应时进行了大量的研究，进一步确定出不同观测者的人差方程式及其校正方法。

图 6-1 你为什么总比我晚一点看到那颗星星？

天文学家最早意识到反应时这一现象的存在，但是他们更多关注的是反应时对他们进行天文观测时产生的影响，并设法控制这些影响。随后，生理学家们也从生理学的角度对反应时的研究做出了贡献。其中，影响最大的要数德国生理学家赫尔姆霍兹以及荷兰生理学家唐德斯。赫尔姆霍兹于 1850 年成功地测定了蛙的运动神经传导速度约为 26 米／秒。其后，他又测定了人的神经传导速度约为 60 米／秒。赫尔姆霍兹的这一发现对科学心理学的发展起到了重要的作用，为后来实验心理学中对心理活动和反应时的测量做好了准备。赫尔姆霍兹也因此被认为是实验心理学的奠基人之一。而将反应时正式引入心理学领域的，则是唐德斯。他意识到可以利用反应时来测量各种心理活动所需的时间，并发展了三种反应时任务，后人将它们称为唐德斯反应时ABC。

唐德斯把心理学家引到了反应时领域的门口，而真正把心理学家领进门的则是最早将反应时直接作为心理学研究课题的冯特。冯特于1879年在莱比锡大学建立第一个心理学实验室时，就意识到了唐德斯为实验心理学的发展指出了一条重要途径，即心理活动的时间测定工作。于是他带领自己的学生对简单反应时和选择反应时进行了一系列的测量，并得到了许多有价值的结果。后来，冯特的学生卡特尔和屈尔佩等也做了大量的关于反应时的实验研究。而最为突出的是卡特尔，他对反应时进行了更为广泛和系统的实验研究，其中不少研究成果至今仍被人们所引用。总的来说，卡特尔之后的心理学家对反应时研究的兴趣已不在于分析其原因了，而是转向测量技术的改进方面以及实际应用领域中了。

天文学家、生理学家、心理学家对反应时的研究和发展都起到了积极的推动作用，但现代心理学家在总结反应时研究的历史时，更倾向于把自1850年赫尔姆霍兹的研究至1969年这一百多年的时间称之唐德斯反应时ABC时期，这是反应时研究的第一阶段，这一阶段方法学的核心是减数法。1969年心理学家斯腾伯格提出了加因素法之后，反应时研究便进入第二阶段，开始了反应时研究的新时期。

如今，反应时不仅已成为心理学研究中最重要的因变量和反应指标之一，而且其本身也是实验心理学的重要研究课题。使用反应时作为指标的实验研究，对解决心理学理论问题以及实际生活问题都起到了重要的作用。而在反应时实验中通常会存在一个反应速度和反应准确性间反向关系的问题，对此，我们必须对两者进行权衡。

第二节　快，还是准，这是个问题：速度-准确性权衡

速度和准确性是反应时实验中两个基本的因变量。在反应时实验中，如果只选取它们其中一个为因变量，而对另一个没进行说明和控制的话，所得到的结果就很可能是不全面的。

在日常生活中，我们都有过这样体验，就是当我们赶着做某件事时，我们就更可能出错；相反，如果我们想保证完成这件事的质量的时候，我们就得放慢工作的速度。例如图6-2中的赛车场上，工作人员就是由于时间紧迫，而犯了一个可笑的错误。

图 6-2　忙中出错的赛车场

在反应时实验中，被试也可能出现这样的情况。一些被试可能为了追求快的速度，而忽略反应的正确性；而有些被试可能比较谨慎，他们为了保证反应的准确性，不惜放慢速度。这种现象在心理学上，就被称为“速度-准确性权衡(speed-accuracy trade off)”，即指在实验过程中，被试根据不同的实验要求或在不同的实验条件下，建立一个权衡反应速度与反应准确性的标准来指导其反应。速度-准确性权衡对以反应时为因变量的研究有着重要的影响。因此，有不少心理学家试图通过实验来说明速度-准确性权衡现象。

锡奥斯（Theios，1975）曾做过这样一个实验。其实验的目的是研究刺激呈现的概率和反应时之间的关系。实验中，呈现的刺激为视觉刺激，每次呈现一个数字，被试的任

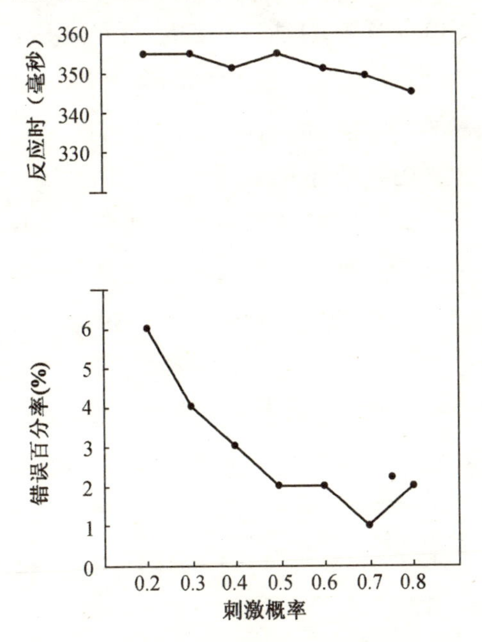

图 6-3　反应时和错误率是刺激呈现概率的函数

注：当反应时基本恒定时，错误率随刺激呈现概率的升高而降低。

（采自 Theios，1975）

务就是对某一个特定的数字（例如 4）作出反应，而对其他数字则不作反应。实验的自变量是特定数字出现的概率，概率变化范围是 0.2—0.8，也就是特定的数字在一系列呈现的数字刺激中出现的百分率是 20%至 80%。实验结果如图 6-3 所示。锡奥斯根据实验结果，得出结论：刺激呈现的概率基本不影响反应时。

如果不考虑反应准确率（或错误率）的话，这个结论是颇有道理的。但是，如果我们把准确率（或错误率）考虑进去的话，我们就会发现，问题不是那么简单了。从图 6-3 中，我们可以发现错误率的均值大约在 3%左右，这个值并不算高，但是进一步分析我们就会发现：在这个实验中被试的任务是相当简单的；对于具有较高文化水准的大学生更是如此；而更值得注意的是，错误率的变化是有规律的，最高的错误率（6%）发生在最低的刺激概率上，并且反应的错误率随刺激概率的增加而降低。由此可见，速度和准确性之间是存在着内在联系的。

试想如果实验要求被试在各种刺激呈现概率条件下，均保持高正确率，那么被试的反应时会怎样变化呢？对于这个问题，我们可以从帕奇勒（Pachella，1974）所进行的一个实验中找到答案。帕奇勒的实验结果表明，在刺激呈现概率为 0.2 的条件下，要降低 2%的错误率，反应时必须增加 100 毫秒。由此可见，在锡奥斯的实验结果中，当考虑了反应错误率的时候，刺激概率不影响反应时这种说法是不全面的。在此情况下，速度和准确性这两个因变量都应考虑，应该采用速度—准确性权衡技术。

在以反应时为因变量指标时，单一考虑速度，或单一考虑准确性，往往容易得到片面的结论，这样就大大地损害实验结果的说服力。因此，在进行反应时实验时，必须同时考虑速度和准确性这两个因变量。当只选择其中一个作为因变量指标时，应对另一个指标有所交代，说明其可以忽略不计的原因。这是反应时实验的一项基本要求。

第三节　从一见即发到左右为难：简单反应时和选择反应时

在反应时实验中，除了要考虑反应速度和准确性的关系外，还需要考虑另一个基本问题——反应时和刺激、反应数目间的关系问题。简单反应时和选择反应时是这两种最常见的反应时，它们就是以刺激与反应的不同数目进行分类的。下面我们就一一介绍这两种反应时。

一、简单反应时

简单反应时（simple reaction time）是指给被试呈现单一的刺激，并要求他们只作单一的反应，这时刺激-反应之间的时间间隔就是简单反应时。在简单反应时的实验中，特定的刺激与特定的反应间的联系是十分明确的。被试的任务是很简单的，他预先知道将有什么样的刺激出现，以及需要作出什么样的反应。如开篇提到的短跑比赛中，运动员们听到发令枪响后立即起跑就是一个简单反应时任务。

下面我们举一个测量视觉简单反应时的例子。在一弱光照明的室内，被试端坐在桌前，面对一个屏幕，注视屏幕上的一个孔（通过这个孔可以呈现光刺激，如红光）。桌上放一电键，要求被试在听到预备信号时就将手指放在电键上，而当红光一呈现就立即按下电键。计时器自动记录下被试的反应时间。最初测得的反应时可能长达 0.5 秒，多次测定之后，被试获得了刺激与反应间的联系，反应时很快会降至 0.2~0.25 秒，再后可能会降至 0.2 秒以下，但无论怎么练习都不能减至 0.15 秒以下，就如同有一堵无法逾越的“生物墙”堵在那儿一样。“生物墙”是一种人类能力的限制，它根源于人类有机体的特性——感官、脑以及肌肉工作的特性，是一个人的极限程度。由此可见，反应时是不能无限地减少的。

除了视觉反应时外，听觉反应时也是心理学家研究得较多的一个方面。在听觉简单反应时任务中，研究者通过耳机向被试呈现声音信号，并要求被试一听到信号，就尽快地按键反应。与视觉简单反应时的结果一样，听觉反应时也存在一个由慢到快的过程，最后保持在约 0.12 秒左右。

由此可见，不同感觉通道的简单反应时是不同的，如：听觉简单反应时比视觉简单反应时短，而触觉简单反应时又比听觉简单反应时短（参看表 6-1）。这主要是因为不同感觉通道中感官换能的时间不同，感觉细胞产生兴奋所需的时间不同。比如说，造成听觉反应时和视觉反应时不同的原因之一，就是两者感官换能的时间不同。视网膜的工作方式是累积性的，感光细胞不是在接受到光刺激的同时就能引起神经节细胞的兴奋的，而是要当光量子达到一定数量后，感光细胞的兴奋达到一定程度后，感光细胞才会引起神经节细胞的兴奋。而听觉刺激的换能过程不存在能量累积的问题，不同振动频率的刺激引起不同长度纤毛的摆动，并直接将信号传递到位听神经。因此，听觉简单反应时就比视觉简单反应时短。此外，还有研究发现，一些非条件反射，特别是膝跳反射和眨眼反射反应时特别快，约为0.04秒。总之，尽管存在感觉通道差异，但是简单反应时都是比较短的，基本上都在1秒钟以内。

表6-1 不同感觉通道的简单反应时

感觉通道	反应时间(毫秒)
触觉	117—182
听觉	120—182
视觉	150—225
冷觉	150—230
温觉	180—240
嗅觉	210—300
味觉	308—1082
痛觉	400—1000

注：被试为训练有素的成人

(采自赫葆源、张厚粲和陈舒永等，1983)

在简单反应时实验中，需要注意的问题是要避免被试的过早反应。由于被试总是希望尽快反应，他可能约束不住自己的手，而在刺激呈现之前就作出“反应”，尤其是在刺激与预备信号之间的时距保持恒定的情况下，这种现象更是常见。为了防止被试这种“假反应”，有两种有效的措施：第一，随机变化预备信号与刺激呈现间的时距；第二，插入侦察试验（detection test），即发出预备信号之后并不呈现刺激，或者说是呈现“空白刺激”，如果被试对空白刺激仍作出反应，则表明被试存在假反应，其实验结果无效。

二、选择反应时

选择反应时（choice reaction time）是指根据不同的刺激物，在多种反应方式中选择符合要求的反应，并执行该反应所需要的时间。例如图6-5中的男人就是完成一个选择反应。看到性感的美女，就往左拐；看到新鲜的水，就往右拐。

图 6-5 选择反应

前面介绍的视觉简单反应时任务中只有单一的红光刺激和与之对应的单一反应键，我们只要在此基础上稍加改动，就可以设计出一个典型的视觉选择反应时实验了。增加一个光刺激（如：绿光）和一个反应键，要求被试右手食指放在右键上，对红光作出反应；左手食指放在左键上，对绿光作出反应，也就是，要求被试看到红光的时候，右手按右键反应；看到绿光的时候，左手按左键反应。结果发现二择一的选择反应时比简单反应时长约 0.07 秒。同样有研究发现，二择一的听觉选择反应时也比听觉简单反应时长约 0.07 秒。也就是说，不管是听觉还是视觉，从一个刺激增加到两个刺激，所需的时间增量是一样的。可见，选择反应过程并不存在感觉通道差异。由此可推知，这一过程不是外周神经系统的功能，而应该是大脑的功能。

二择一的选择反应时比一对一的简单反应时多了 0.07

秒的心理加工时间，那么，如果再加入一个需要判断的刺激或一个需要选择的反应后，心理加工时间是不是又得增加0.07秒呢？这就涉及到选择的数目与反应时的关系问题。对此早期的心理学家曾经作过不少研究。例如，默克尔（Merkel，1885）揭示出二者之间的函数关系是：反应时与选择数目的对数成正比，用公式表示为：$RT = \lg N$。其中，RT为反应时，N为选择的数目。20世纪50年代，心理学家戈热（R. M. Gauge）绘制出了选择数目和反应时的关系曲线（见图6-6）。

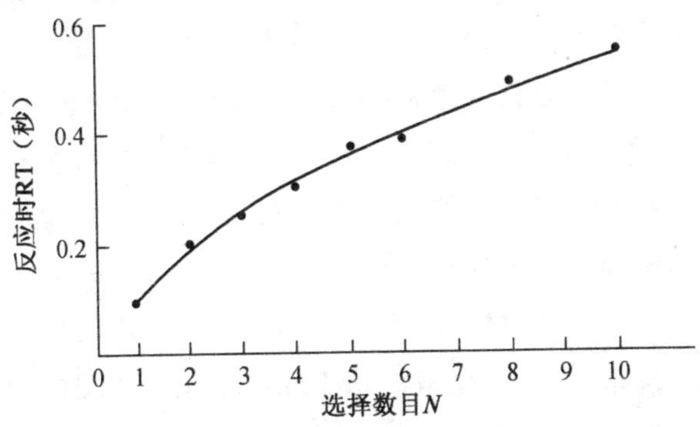

图6-6　选择数目与反应时的关系
（采自曹日昌等，1979）

从图6-6可以看到，反应时并不随选择数目的增多而线性增长，当刺激数目从两个增加到三个时，反应时的增量小于0.07秒。当选择数目为4的反应时约为选择数目为1的反应时（即简单反应时）的2倍；而当选择数目为8的反应时约为简单反应时的3倍。从而进一步证明了默克尔提出的反应时与选择数目间存在的对数关系。

在选择反应时实验中，应该注意的是选择反应的数目必须与辨别的刺激数目相等，即每一种反应必须是针对与它相应的预定刺激而作出的。如刺激A引起反应a，刺激B引起反应 b。如果在实验时忽略这一点，实验中只有一个反应键，而刺激却不只有一个，那么就会混淆实验结果。假如有两个色光刺激，一个是红光，一个是黄光，实验要求被试在辨别出是红光还是黄光时，尽快按键反应。从表面上看，这样的安排似乎是切实可行的，但这样的设计使主试难以了解被试对刺激的辨别达到了什么程度，因为，不管什么刺激，反应都是一样的，这样被试就可能在还没有辨别出刺激就进行简单的反应了。对此的解决办法就是：有几种刺激，就安排几种反应，每种反应只对应其中的一种刺激。

简单反应时和选择反应时是两种最常见的反应时，它们均可用于测量运动速度和个体差异。除此之外，还可以利用它们来分析内部心理过程，作为内部心理过程复杂性的指标，随着认知心理学的产生和发展，反应时的这一作用越来越凸现出来，认知心理学家常常通过反应时的测量来推断“黑箱”中的信息加工过程。为了区别传统的反应时方法，杨治良把这种用反应时分析信息加工过程的方法概括为反应时新法。

第四节 反应时新法：减数法和加因素法

反应时新法是指用反应时分析信息加工过程的方法，它主要包括减数法和加因素法这两种基本形式。

一、减数法

减数法（subtractive method）是一种用减法方法将反应时分解成各个成分，然后来分析信息加工过程的方法。它是由唐德斯首先提出的，故又称唐德斯减数法。它是最常见，也是最重要的一种利用反应时分析信息加工过程的方法。以下我们主要从其原理和应用这两方面进行介绍。

减数法的基本逻辑思想是：如果一种作业包含另一种作业所没有的某个特定的心理过程，且除此过程之外二者在其他方面均相同，那么这两种反应时的差即为此心理过程所需的时间。

下面就用唐德斯设计的三种反应时任务（或者说 ABC 反应时任务）来对减数法的逻辑进行说明和验证。唐德斯 ABC 反应时任务是指唐德斯把反应时任务分成了三种：A 反应、B 反应、C 反应。

A 反应（A-reaction），又称简单反应（simple reaction）（见图 6-7）。A 反应一般只有一个刺激和一个反应，例如呈现一个光刺激，要求被试按键反应。A 反应是最简单的反应，也是复杂反应的成分或基本因素。因此，唐德斯把 A 反应时称为基线时间（baseline time）。

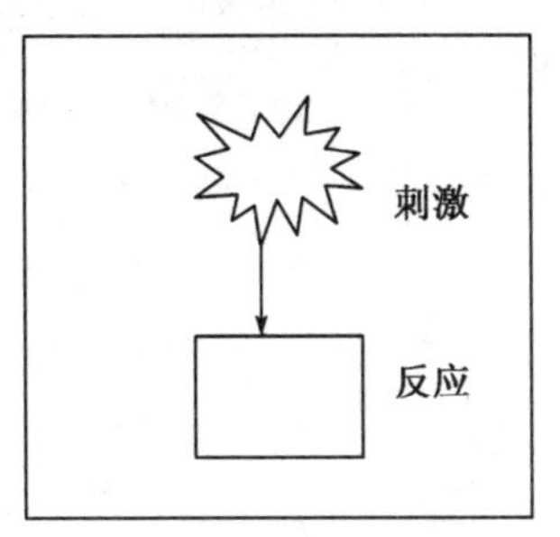

图 6-7　唐德斯 A 反应任务示意

B 反应（B-reaction），又称选择反应（choice reaction）（见图 6-8）。它是复杂反应中的一种，在这类反应中，有二个或二个以上的刺激和相应于刺激的反应数。也就是说，每一个刺激都有它相应的反应。如在一个实验中，对红光刺激按 A 键反应，对绿光刺激按 B 键反应，对蓝光刺激按 C 键反应，对白光刺激按 D 键反应，共四个刺激和四个对应的反应，在这样的选择反应中，被试不仅要区别刺激信号，而且还要选择反应。因而在 B 反应中除了基线操作外，还包括刺激辨认和反应选择的心理操作。根据减数法逻辑，B 反应时就等于基线时间加上刺激辨别时间和反应选择时间。

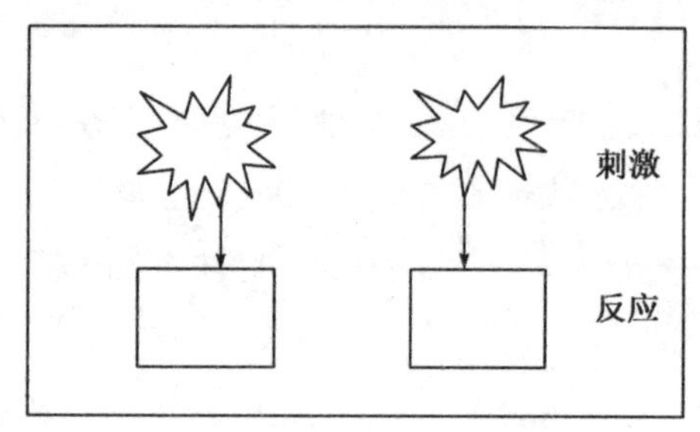

图 6-8 唐德斯 B 反应任务示意

C 反应（C-reaction），又称辨别反应（indentification reaction）。它是另一种形式的复杂反应（见图 6-9）。C 反应和 B 反应相同的地方在于：具有二个或二个以上的刺激。两者的区别在于：C 反应只要求对一个刺激作出反应，而对其余刺激不作任何反应。B 反应既有刺激的辨别过程，还有反应的选择过程。而 C 反应仅有刺激的辨别过程，没有反应的选择过程。因此，在 C 反应中除了基线操作外，还包括了刺激辨认的心理操作。而 C 反应时就等于基线时间加上刺激

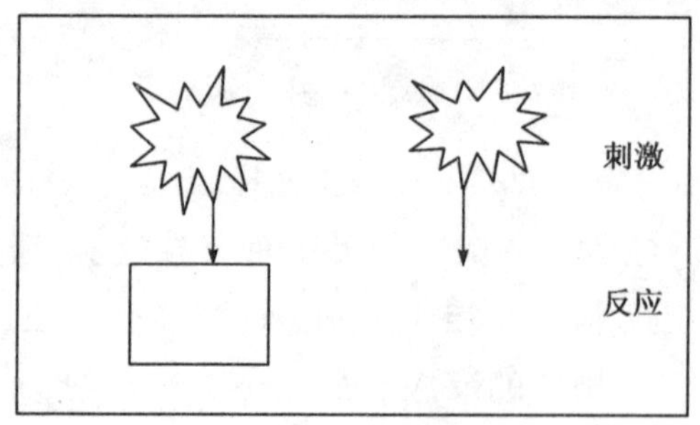

图 6-9 唐德斯 C 反应任务示意

辨别时间。

根据A、B、C三种反应所包含的操作过程以及所得到的反应时，运用减数法原理，很容易就能推出辨别和选择心理操作所需要的时间。刺激辨认的心理操作所需时间，即辨别时间＝C反应时－A反应时；反应选择的心理操作所需时间，即选择时间＝B反应时－C反应时（见图6-10）。唐德斯所提出的反应时三成分说中的三种成分就是指基线时间、辨别时间和选择时间。

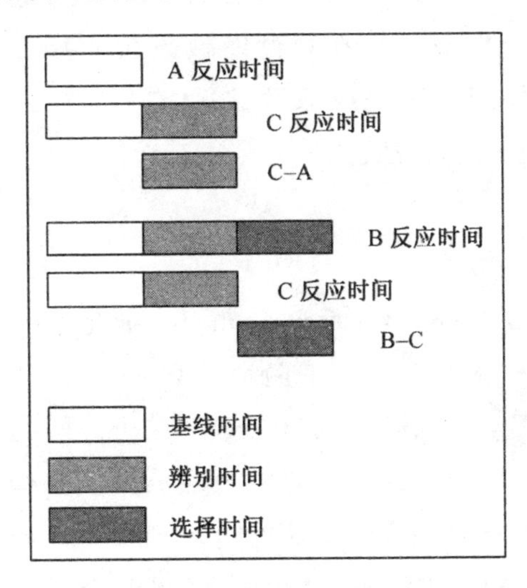

图6-10 唐德斯减数法图解

使用减数法时，通常要求实验者对实验任务引起的刺激与反应之间的一系列心理过程有精确的认识，并要求进行相减的两种反应时作业中有严格相同或匹配的部分。而要满足这两点，常常是很困难的。此外也有人对唐德斯减数法这种简单、直接的相减提出质疑，认为：B反应决不是在C反应上简单地加上什么；C反应也决不是在A反应上简单地加上什么。

尽管如此，在认知心理学中，心理学家们仍热衷于运用减数法来分析信息加工过程。在研究快速的信息加工过程时，如识别、注意、表象以及短时记忆等，常常用到减数法反应时实验。此类实验既可用来研究信息加工的某个特定阶段或操作所需要的时间，反过来，也可通过两个反应时之差来判断某一心理过程的存在。

减数法的运用推动了认知心理学的发展，反过来，随着认知心理学研究的深入，反应时的实验方法也逐渐丰富起来。1969 年，斯腾伯格在唐德斯减数法的基础上，提出了加因素法。加因素法是继减数法后又一重要的用反应时分析信息加工过程的方法。

二、加因素法

加因素法（additive factors method）指完成一个作业所需的时间是这一系列信息加工阶段分别需要的时间总和。它是由认知心理学家斯腾伯格（1969）在唐德斯的减数法反应时的基础上提出的，此方法是减数法的发展和延伸。加因素法的提出，标志着反应时的研究进入到了一个新的阶段。

加因素法的基本逻辑思想是：如果两个因素的效应是互相制约的，即一个因素的效应可以改变另一因素的效应，那么这两个因素只作用于同一个信息加工阶段；如果两个因素的效应是分别独立的，即可以相加，那么这两个因素各自作用于不同的加工阶段。也就是说，如果两个因素间存在交互作用，那么它们是作用于同一个加工阶段的；而如果两个因素不存在交互作用，即相互独立，那么它们作用于不同的加工阶段。

根据此逻辑，如果事先可以发现一些因素，这些因素对完成作业所需的时间有所影响，那么通过单独地或成对地应用这些因素进行实验，就可以观察到完成作业时的时间变化，进而确定这一信息加工过程的各个阶段以及所需要的时间总和。可见，加因素法实验所侧重的，不是区分出每个阶段的加工时间，而是证实不同加工阶段的存在，以及辨认它们各自的前后顺序。加因素法的基本手段是探索有相加效应的因素，以区分不同的加工阶段。

斯腾伯格认为，人的信息加工过程是系列进行的而不是平行进行的，也就是说，人的信息加工过程是由一系列有先后顺序的加工阶段组成的，这是加因素法的一个基本前提。如果这个条件无法满足，就不能使用加因素法。

斯腾伯格的“短时记忆的信息提取”是使用加因素法分析心理过程的一个典型实验。实验的过程是这样的，先给被试看 1—6 个数字（识记项目），然后再呈现一个数字（测试项目）并同时开始计时，要求被试判定此测试数字是否是刚才识记过的，按键作出是或否的反应，计时随即停止。这样就可以确定被试能否提取识记过的信息以及提取所需的时间（反应时）。通过一系列的实验，斯腾伯格从反应时的变化上确定了对提取过程有独立作用的四个因素，即测试项目的质量（优质的或低劣的）、识记项目的数量、反应类型（肯定的或否定的）和每个反应类型的相对频率。因此，他认为短时记忆信息提取过程包含相应的四个独立的加工阶段：刺激编码阶段、顺序比较阶段、二择一的决策阶段和反应组织阶段。斯腾伯格认为，测试项目的质量对刺激编码阶段起作用，识记项目的数量对顺序比较阶段起作用，反应类型对决策阶段起作用，反应类型的相对频率对反应组织阶段起作用（见图 6-11）。

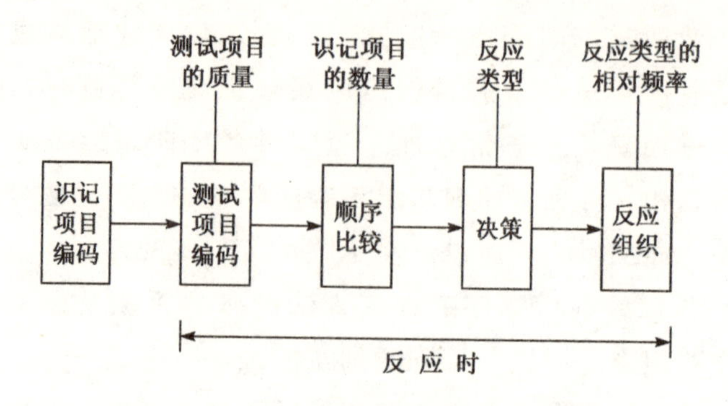

图 6-11 加因素法反应时间实验：短时记忆信息提取
（采自 Sternberg，1969）

三、其他反应时研究方法

无论是减数法还是加因素法反应时实验都难以直接得到某个特定加工阶段所需的时间，并且还要通过严密的推理才能被确认。为此，科学家在这两种基本方法的基础上，提出了“开窗”实验（open window experiment），即在实验过程中，能够比较直接地测量每个加工阶段的时间，而且也能比较明显地看出这些加工阶段，就好像打开窗户一览无遗。它是反应时实验的一种新形式。由于“开窗”实验在反应时研究历史上是发展较晚的一种方法，因此较多的教科书上都把这种实验作为加因素法反应时的一种变式加以分类，从属于加因素法反应时实验。

用反应时分析信息加工过程的逻辑和方法为心理学研究的很多领域注入了活力。在内隐学习和内隐社会认知等认知心理学的热点和前沿领域中，一些心理学家把反应时这一因变量引入到内隐认知过程的研究中，在深入研究内隐认知过程的同时，也把反应时的研究推入到了一个新的阶段。比如，内隐学习中的经典任务之一——序列反应时范式

（Serial Reaction Time，简称 SRT），是以反应时作为反应指标，以序列规则下的操作成绩和随机序列下的操作成绩之差来表示内隐学习的学习量。又如，内隐联想测验（Implicit Association Test，简称 IAT）也是以反应时为指标，通过一种计算机化的分类任务来测量概念词与属性词之间的自动化联系的紧密程度，继而对个体的内隐社会认知（如内隐态度）进行测量的方法。内隐联想测验是继序列学习之后，反应时新法向高级心理认知领域的进一步拓展。

综上所述，反应时在心理学研究中占有极其重要的地位。由于研究者能够借助可以测量的反应时来推测看不见的心理过程，因此反应时是心理学研究中最常用的因变量之一。随着心理学的发展，其应用领域不断扩大，其技术和方法也将进一步得到发展和完善。

内隐联想测验

1998 年，Greenwald 介绍了一种基于反应时的新方法，称为内隐联想测验（Implicit Association Test，IAT），该方法以其创新性吸引了研究者的广泛关注，并在此方法的基础上发展了一系列的方法，如 GNAT（Go/No-go Association Task；Greenwald，2001）、EAST（Extrinsic Affective Simon Task；De Houwer，2001）等。这些方法有一个共同的特点，那就是均以反应时范式为基础。

（一）IAT 的原理

1998 年，Greenwald 等人发表了第一篇关于内隐联想测验的文章。在随后的短短几年时间内，IAT 引起了研究者的广泛关注。

最初的IAT施测程序分为五个阶段：1. 呈现目标词，比如白人的姓和黑人的姓：让被试归类并做出一定的反应（看到白人的姓按F键，看到黑人的姓按J键）。2. 呈现属性词，比如愉快和不愉快；并让被试做出反应（愉快F，不愉快J）。3. 联合呈现目标词和属性词，让被试做出反应（看到或愉快F，黑人或不愉快J）。4. 让被试对目标词做相反的判断（白人的姓J，黑人的姓F）。5. 再次联合呈现目标词和属性词，让被试做出反应（黑人或愉快F，白人或不愉快J）。这五个阶段分别做20次，各阶段之间可以进行短暂的休息。改进的IAT测验则在原先的基础上增加了两个阶段，共分七个阶段：第四个阶段重复阶段“3”，第七阶段重复阶段“6”（原阶段“5”）。其中第四和第七步各做40次，IAT指标的原始数据就来自于这两个阶段，其余各阶段分别做20次，作为对第四和第七阶段的练习。

在数据处理时，首先要进行数据筛选，去掉反应时大于3 000毫秒、小于300毫秒，或者错误率超过20%的被试，这是因为反应时太长意味着被试明显受到干扰；反应时太短意味着被试明显抢答；错误率太高则意味着被试没有认真回答。并且在计算结果时，只运用正确的反应数据，不考虑错误的反应。接下来，要对筛选后的数据进行对数转换，这是为了确保数据达到满意的方差稳定性。最后，计算第四阶段和第七阶段的均值差异，就得到了IAT效应的指标。

许多研究都已表明，IAT比其他方法更能够实现有效的测量。究其原因，Greenwald等认为在用IAT测量时，被试不知道测量的是什么，因此IAT能够防止被试对测量的联系进行反省，可以避免以前测量经验的影响；Banse等则认为它可以有效地防止自我矫饰；Houwer等认为不受样例的影响，即被试只需对要测量的属性产生反应，而不需要考虑其他属性。总之，由于IAT结构巧妙，使它比其他内隐方法能更好地控制无关变量，因而，比其他的内隐方法更有效。

但是IAT也存在一些缺陷，例如，它只能通过比较成对概念来实现内隐测量，因此无法测量个体对单一概念或更多概念的评价；IAT仅仅计算正确反应的反应时，忽略了错误率所提供的信息；此外相容联合与不相容联合呈现的顺序对IAT结果也有影响。为了弥补这些不足，近来研究者提出了一些IAT变式，例如WIAT、GNAT和EAST。

（二）IAT的变式

1. Wigboldus IAT （WIAT）

WIAT由Wigboldus提出，用以测量个体对单一概念的态度。在他的实验中，他提供一个目标概念和两个属性概念。比如，第一个任务，要求被试看到积极的词和与伊斯兰信仰有关的词（如古兰经）时按左键，看到消极的词时按右键。第二个任务，要求被试看到积极的词按左键，看到消极的词和与伊斯兰信仰有关的词按右键。如果被试在第一个任务上做得好，说明对伊斯兰有积极的态度，反之亦然。他发现，这种IAT结果与被试的自我汇报呈正相关。

2. Go/No-Go Association Test（GNAT）

在本章中，我们提到了速度-精确性权衡准则。根据这个准则，个体在反应速度上的增长势必导致总体反应精确性的降低，这是所有基于反应时范式的研究必须考虑的问题。在 IAT 中，研究者通常使用反应时作为考查指标，这就有可能忽略错误率所包含的信息。为了弥补这一缺陷，Nosek 和 Banaji 提出了 GNAT 测验（The Go/No-Go Association Test），它仍保留了 IAT 的 2 个关键任务，但用信号检测论中的辨别力指数作为指标。

GNAT 要求被试对一些刺激作出反应而忽视另外的刺激，例如，测量被试对花朵的态度，呈现给被试花朵、正性、负性 3 类刺激，在任务 1 中要求被试对花朵和正性的刺激作同一反应（称为 Go），而对负性刺激不作反应（称为 No-Go）。任务 2 则相反，要求被试对花朵和负性的刺激作同一反应，而对正性刺激不作反应。

数据处理时，采用信号检测论中的辨别力指数 d' 为指标，将正确的“Go”反应称为击中率，将不正确的“Go”反应视为虚报率，将击中率和虚报率转化为 z 分数后，其差值即为 d' 分数；然后对两个阶段的 d' 分数进行比较。假如任务 1 中的 d' 比任务 2 中的 d' 高，则说明被试对花朵持有积极的态度，反映了被试对花朵的内隐偏好。

与 IAT 相比，GNAT 的特点在于不需要有作为比较的一对客体概念，就可以获得“直接”的而非相对的内隐态度，因此弥补了 IAT 不能对单一对象（如花朵）做出评价的限制。

在 GNAT 中研究者对噪音刺激不做出反应，因此需要对刺激呈现间隔加以控制，在 GNAT 中称为 Response Deadline，研究发现刺激呈现间隔影响了个体的敏感性，随着刺激呈现时间的延长造成 d' 值的增大，以及被试的反应错误率降低，如果刺激间隔过短则个体的反应水平可能处于机遇水平，因此刺激呈现间隔以 500~800 毫秒较为适宜。

3. Extrinsic Affect Simon Task（EAST）

EAST 是 Jan De Houwer 在 IAT 基础上发展出来的测量内隐社会认知的实验方法，结合了 IAT 和 Houewer 本人所提出的情绪性 Simon 任务的特点。

在 EAST 中，个体依照所呈现的白色词汇的评价性特征（积极或消极）做出判断，并分别做出反应，使得原先中性的按键反应获得了积极或者消极的意义，对于彩色目标词汇（蓝色或绿色），个体则依据其颜色进行区分，原先中性的按键因为被赋予了积极或消极意义从而影响了个体对目标刺激的颜色分类反应。这样，不相容任务和相容任务随机分配到每一次反应之中，而不像 IAT 和 GNAT 在一组（Block）反应中获得。

在 Houwer 的一个典型实验中，他选用蓝色的关于“我”的人称代词或名词（如我、自己），用绿色呈现关于“他人”的人称代词或名词（如他、他们），而正性和负性的人格形容词（如善良、敌意）都用白色来呈现。实验中告诉被试，如果词汇为白色，则按照词汇意义做出反应，即对正性词汇按 P 键反应，对负性词汇按 Q 键反应；而对那些彩色词汇，则按照词汇颜色做出反应。实验中安排一半被试按P键对绿色词汇进行反应，按Q键对蓝色词汇进行反应；另一半被试则相反，当呈现蓝色词汇时按P键，呈现绿色词汇时按Q键。实验后比较被试对蓝色和绿色词汇的反应时，就可以推断出个体对彩色目标词汇（我和他人）的判断，并据此测量出个体的内隐自尊。

（三）对四种方法的评价

对内隐社会认知研究者而言，重要的是按照自己的理论假设选择合适的方法。IAT更为适合于对目标类别的比较，如男性/女性、老人/年轻人，或者是对不同对象的偏好比较，如对高热量食品与低热量食品的比较。但是，IAT依赖于两个互相竞争的目标，对其数据不能分开进行分析，对结果的推断具有一定的限制。

GNAT则较为灵活，适用范围非常广，可以对某单一对象进行评价，如考察被试对吸烟的态度，因为没有适宜的比较对象，可以采用GNAT研究方法。其次GNAT可以用来考察个体对不同对象的偏好，而保持反应竞争任务的优点，如考察个体对群体外和群体内成员的评价（如积极评价），另外对于那些包括不同特征的对象，而没有明显的比较类别对象的时候，如女教师或老教授等采用GNAT较为合适。

IAT只能对两个目标概念进行比较，而EAST则很灵活，既可以测量个体对单一目标的态度，也可以同时评估个体对多个目标的态度。假如要考察人们对北京人、上海人和广州人的开放性，就可以用白色呈现与开放和保守相关的形容词，然后用蓝色和绿色来呈现代表北京、上海和广州的名词。这样就可以同时比较人们对三个类别的评价。其次EAST只要求个体完成一个任务,从而避免了IAT中任务顺序对IAT效果的影响。

综上,与传统的减数法和加因素法相比,这四种基于反应时范式的内隐社会认知研究方法包含了更多的心理加工过程,因此更为复杂。但是基于合理而巧妙的设计,这些方法都能够较好地探测到个体真实的内隐态度。

第七章　实验心理学研究内容大探究(Ⅲ):记忆

记忆差的好处是对一些美好的事物,仿佛初次遇见一样,可以享受多次。

——尼采

> 不久前,我遇上一个人,送给我一坛酒,她说那叫“醉生梦死”,喝了之后,可以叫你忘掉以前做过的任何事。我很奇怪,为什么会有这样的酒。她说人最大的烦恼,就是记性太好,如果什么都可以忘掉,以后的每一天将会是一个新的开始,那你说这有多开心。

这段话是电影《东邪西毒》(见图 7-1)中的经典对白。剧中的欧阳峰记得太深,始终摆脱不了记忆的纠缠。假如你有一段伤心的初恋,这段记忆也可能会陪伴你很长一段时间。这些都是我们越想忘却,越难以忘却的记忆。但还有一些事情，你原本想牢牢记住，却一时想不起来，比如考试前所背的内容，在考场内怎么也想不起来。这就是我们有趣的记忆，生活中随时随地发生着，但却无法随心所欲地忘掉和记住。本章中，就让我们把目光投向这个实验心理学中研究最多的领域。

图 7-1 电影《东邪西毒》海报

19世纪末，德国心理学家艾宾浩斯开创了用实验法来研究记忆的先河。其后，随着记忆理论和实验方法的不断发展，研究者们逐渐认识到记忆是一个复杂的系统，从而开始探索从不同角度对各种记忆类型进行研究。当前，除了感觉记忆、短时记忆、长时记忆这三种基于信息加工的记忆类型外，内隐记忆、元记忆、错误记忆、前瞻记忆和情绪记忆等记忆类型也被逐渐纳入到实验心理学的研究范围。在本章中，我们将对这些重要的记忆类型及其实验进行介绍。

第一节 保持有长短：感觉记忆、短时记忆和长时记忆

从信息加工的角度出发，记忆可以被划分为感觉记忆、短时记忆、长时记忆三种类型或阶段，这就是记忆的信息加工模型。本节将要介绍的就是按照信息加工模型划分的三种记忆类型及其实验研究。

一、感觉记忆

感觉记忆（sensory memory）是记忆形成的第一个阶段，进入各种感觉器官的大量信息，首先被登记在感觉记忆里。信息在感觉记忆中的保持时间极其短暂，大约 0.5~3 秒以后就会自动消退，故而又被称为瞬时记忆。例如，在观看电影或电视时，人们可以将相继出现的静止画面看成运动的图像，就是有赖于感觉记忆。感觉记忆保持的信息虽然十分短暂，但它却为进一步的加工提供了更多的时间和可能。

尽管从逻辑上推论感觉记忆的存在并不困难，但是要用实验法来证明它却非易事。在早期的记忆研究中，研究者通常使用"全部报告法"来测量被试的回忆量，也就是呈现完刺激之后让被试尽可能多地回忆识记的内容。但是，感觉记忆的存在时间太短，以至于被试在回忆过程中就遗忘了一部分信息，因此很难用传统的全部报告法测量感觉记忆的信息容量。直到斯珀林（Sperling，1960）首创了"部分报告法"之后，此问题才得以解决。

在部分报告法的实验中（见图 7-2），被试首先注视屏幕正中间的注视点，接着屏幕上会在很短的时间里（50 毫秒）呈现排列成矩阵（如 3 × 4 矩阵）的字母，在刺激消失后的一段时间后（0—1 秒内），屏幕上出现一个箭头信号。事前实验者已经和被试约定好，如果看到"↗"就报告看到的第一行字母，"→"对应第二行字母，"↘"对应第三行字母。当被试看到不同的音调时就报告出相应行的字母。由于箭头的出现完全是随机的，因此实验者可以根据被试对某一行字母的回忆情况来推断其对全部刺激项目的记忆情况。结果表明，被试能够正确报告出任何一个指定行字母的平均数是 3.04 个，由此推算，在被试脑中保持的总的字母数量应该是 3.04×3（行）=9.12 个。这个数字与用全部报告法得出的 4—5 个字母的结论有很大差别。可见，全部报告法得出的结论并没有反映出最初信息贮存的容量，而只是在映像消退之前能够提取出来的，转入到下一个记忆系统的信息数量。

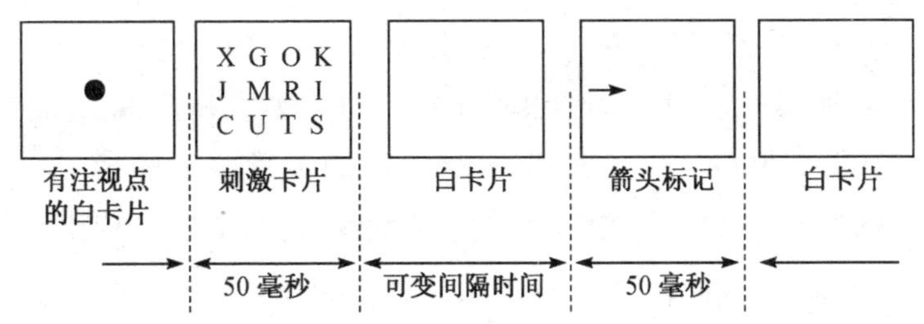

图 7-2　部分报告法实验流程

从斯珀林等人的研究结果中，我们不难发现：即使感觉记忆中的很多信息在最初的 1 秒内就消退了，但仍有一部分信息继续保持在记忆中。这些信息进入了记忆的第二个阶段——短时记忆。

二、短时记忆

短时记忆（short-term memory，简称 STM）是指对信息的保持时间从十几秒至一分钟左右的记忆，它是信息从感觉记忆通往长时记忆的一个中间环节或过渡阶段。例如，当我们打电话时，从电话本上查到所需要的电话号码后，能立即根据记忆在电话机上拨出这个号码，但在“煲”了两个小时的“电话粥”后，对这个号码就记不清楚了。这种记忆现象就属于短时记忆。

短时记忆的信息容量是有限的。通过全部报告法，研究者发现短时记忆的储存量是 7±2 个组块（chunk）。所谓组块就是将若干小单位联合而成熟悉的、较大的信息加工的单元。例如，“实验心理学”5个字对于不了解心理学的人来说可能是5个组块；对于稍稍了解心理学的人来说可能是2个组块（实验、心理学）；而对于心理学家来说则只有1个组块。

和感觉记忆不同的是，短时记忆的编码并非按照刺激的原有物理属性进行，而是主要依据听觉形式进行编码。康拉德（1963，1964）的实验为短时记忆的听觉编码提供了有力的证据。在实验中，他以视觉或听觉方式向被试呈现由6个字母组成的一个字母序列，呈现完毕要求被试立即依顺序进行回忆。结果发现，在两种实验情境（视觉或听觉呈现字母）下所得到的结果是相似的，均表现为发音相近的字母会较多地发生混淆。即使字母是视觉呈现的，回忆中的错误也是主要表现为声音混淆，如：常将B误认为V或P，将M误认为N等。这些结果说明，短时记忆中的信息编码是听觉编码的。即使刺激材料是以视觉形式呈现的，其编码仍具有听觉的性质。不过，后来随着实验方法的不断创新，研究者证明短时记忆中还存在视觉编码和语义编码。

短时记忆是信息加工的核心之一，它不但提供了信息短暂编码和存储的空间，也提供了认知加工的平台。感觉记忆中的信息，进入短时记忆后进行进一步的加工处理，而如果得到复述，那么这些信息就会从短时记忆进入长久存储信息的长时记忆。

三、长时记忆

长时记忆（long-term memory，简称LTM）是相对于感觉记忆和短时记忆而言的，一般指信息储存时间在一分钟以上，最长可以保持终生的记忆。长时记忆不是单一的，而可以分为不同的类型或系统。

对于长时记忆的系统，比较有代表性的观点是认为长时记忆可以分为陈述性记忆和程序性记忆两个子类。陈述性记忆是指对事实和事件的记忆，它适合存储经加工处理后形成的任何具有意义联系的东西。陈述性记忆最明显的特点是可以言传，在需要时可以将记得的事实陈述出来，因此它的信息提取方式是“外显”的。而程序性记忆是指一个人对通过练习后所逐渐获得的技能或经验的记忆，比如对经练习后所获得的骑自行车动作技能的记忆。而程序性记忆的特点是“不能言传”，例如会骑自行车的人很难用言语来表达这种知识，因此它的信息提取方式是“内隐”的。

在陈述性记忆中又可以区分出情节记忆和语义记忆。情节记忆接收和储存的是关于个人的特定时间的情景或事件以及这些事件的时空关系的信息；语义记忆是运用语言时所必需的记忆，它接收和储存各种知识。换句话说，情节记忆是对个人在一定时间发生的事件的记忆，如“我昨晚看了一场电影”等，它总是与个人生活中特定的时间或地点相联系。语义记忆则不同，它是对语词、概念、规则等抽象事物的记忆，如数学公式、物理定理等，它所储存的事物不依赖于个人所处的某个特定时间或地点，语义记忆中的事物总是可以用一般的定义来描述。许多心理学家对语义记忆进行了广泛而深入的研究，并提出了语义记忆的多种模型，如层次网络模型、激活扩散模型、集理论模型和特征比较模型，这些模型虽然各自得到了一些实验的验证并解释了部分语义记忆，但并未取得一致，这里就不详细介绍了。

至此，我们介绍了信息加工模型下记忆研究的主要内容。概括地讲，外界信息进入记忆系统后，先后经历了三种记忆结构的加工，它们分别是：感觉记忆、短时记忆和长时记忆，每种记忆结构各有其特定的功能和特点。在接下来的几节里，我们将继续探讨其他几种记忆类型及其实验研究。

脑中不愉快记忆可清洗
老鼠实验获得成功

相信很多人每天都遭受可怕或不快的往事缠绕，严重的可能演变成精神病。但现在清洗人脑长期记忆不再是天方夜谭。美国科学家在老鼠脑部起记忆作用的海马体注入一种化学物质，成功令它们忘记之前学过的躲避障碍方法。

据悉，这项研究由麻省理工学院的神经系统科学家贝尔和纽约州立大学的神经病学家萨克特领导，他们试图削弱老鼠脑部海马体内的细胞之间的联系，借以清洗老鼠的记忆。

萨克特负责训练老鼠在漆黑环境中避开旋转平台的“震荡区”，并在它们掌握到躲避技能的一天至一个月内，把一种名为 ZIP 的化学物质注射入海马体。接受过注射的老鼠不再懂得避开“震荡区”，这反映它们忘记了学过的东西。

第二节 神秘的无意识：内隐记忆

约瑟夫·勒道克斯（Joseph Le Doux，1996）曾讲到过一位因大脑受损而患有严重遗忘症的病人，她不能记住她的主治医生，因此医生每天都要跟她握手并作自我介绍。一天，当她要和医生握手时，却下意识地猛然将手缩了回来。因为，前一天主治医生跟她握手时，在手心中藏了一枚大头针并扎疼了她。以至于之后当医生再作自我介绍时，她都拒绝握手，而且她自己说不清这是为什么。这个例子似乎说明，病人虽然不能有意识地记住过去发生的事情，但是在无意识层面却保留了某些经验，并通过某些行为自动表现出来。这种特殊的记忆类型不同于传统意义上的有意识记忆，这就是我们下面要介绍的内隐记忆。

一、内隐记忆的提出

当代内隐记忆实验研究可以追溯到两个发展于 20 世纪六七十年代的心理学研究领域。首先是认知心理学家在研究中发现了启动效应；其次是神经心理学研究表明，深度遗忘症患者在某些特殊记忆任务中能够表现出相对完整的记忆效果。后者直接引发了内隐记忆的当代研究热潮。

1. 启动效应的研究

自 20 世纪六七十年代起，启动效应的研究成为认知心理学的一大研究热点。启动效应（priming effect）是指由于近期与某一刺激的接触而使对这一刺激的加工得到易化。启动效应通常分为两种。一种是重复启动（repetition priming），指前后呈现的刺激是完全相同的，即后呈现的测验刺激完全相同于前面呈现的启动刺激；另一种是间接启动（indirect priming），其中除包含重复启动外，还允许两个刺激有所差别。在启动研究中，常用的测验方法有词汇决定（lexical decision）和单词确认（word identification）等。例如，在词汇决定测验中，要求被试说明某特定的字母串是否构成一个合法的词，如果某一字母串在先后两次呈现时，被试作出词的判定所用的时滞减少，那么启动就发生了。

启动效应的研究为深入探索内隐记忆提供了强有力的研究方法和证据，并已成为目前内隐记忆的主要标志之一。但在当时，研究者还没有把焦点放在记忆与意识的关系上，因此它并没有直接导致当代内隐记忆的研究热潮。内隐记忆成为当代认知心理学研究的热点，直接有赖于另一类研究——神经心理学关于遗忘症患者的研究。

2. 遗忘症的研究

20世纪60年代，记忆的病理学研究得到了心理学家的普遍关注，其中关于遗忘症的研究则适时地成为引发当代内隐记忆研究热潮的契机。神经心理学的早期研究认为，特定区域的脑损伤可以造成广泛的记忆丧失，遗忘症患者的一个显著特征就是不能接收任何新的知识。该假设一度得到了心理学界的普遍认可。直到1968年，英国神经心理学家沃林顿和韦斯克兰茨所做的系列实验才对之提出置疑。

沃林顿和韦斯克兰茨（1968，1970，1974，1978）采用不同的测验形式对遗忘症患者的记忆进行了考察，结果均发现，虽然严重遗忘症患者完成传统的再认和自由回忆任务存在明显的障碍，但当采用残图识别测验和部分线索测验（现称为词干补笔测验）时，他们的成绩却与正常人接近。例如，当使用词根或词段作为线索时，他们能表现出对一系列熟悉词的正常的保持。他们的研究表明，遗忘症患者也能保持语词信息，但是这种保持要在特定的测验中才能体现出来。病人是否表现出正常的保持取决于测验的内隐或外显的性质。当给予被试外显的指导时，其成绩就会受到破坏；而当给予被试内隐的指导时，病人就可以表现出与正常被试同样数量的启动。这些研究均暗示了内隐记忆的客观存在。

二、内隐记忆的研究方法

内隐记忆研究最初是认知心理学和神经心理学这两个以往相互孤立的心理学研究领域相互沟通、相互补充和融合的历史产物。而近二十年来，内隐记忆研究已经在此基础上发展出了特色鲜明的研究手段，其中最有代表性的是间接测验和加工分离程序，以下分别介绍。

1. 间接测验

从启动效应和遗忘症的研究中可以看出，内隐记忆的发现和证实得益于一种崭新的测量手段——间接测量（indirect measures）。它与以往传统的记忆测量截然不同。传统的记忆测量主要有回忆和再认两种，回忆是要求如实再现以前感知过的信息，再认则是判断当前的刺激是否为被感知过的某种信息。这些方法在指导语上均明确要求被试有意识地回想他们经历过的某些事件并把它们从记忆中提取出来，因而被称为直接测量（direct measures）。而间接测量则恰恰相反，在指导语上不要求被试专注于眼前的任务，也不要求被试有意识地回想过去发生的某个事件，而是通过被试在一些特定任务上的表现来间接推断其行为背后的心理过程。这种间接测量的方法使研究者成功地发现了内隐记忆和外显记忆的分离。

间接测验的类型非常丰富——只要在学习阶段，被试需要接触相关信息；在测验阶段指导语强调立刻反应，并且保证被试没有有意识地提取信息，这样就可以很好地满足间接测验的操作条件。目前内隐记忆研究中常见的间接测验有：与言语信息有关的“词干补笔测验”和“知觉辨认测验”，以及与非言语信息有关的“残图辨认测验”和“物体决定任务”等。我们以较为典型的词干补笔测验为例进行说明。词干补笔（word-stem completion）是指被试学习一系列单词后，测验时提供单词的头几个字母，让被试补写其余几个字母而构成一个有意义的单词，例如将 ele_____补写成为 elephant。

2. 加工分离程序

20 世纪 90 年代初之前，间接测量一直是内隐记忆的主要研究手段。但是，研究者日益认识到，大多数记忆任务均包含了不同程度的意识加工（即外显记忆成分）与无意识加工（即内隐记忆成分），因此不能简单地依赖特定的记忆任务来研究内隐记忆。于是，方法论上的探讨逐步转向如何去分离在一个记忆任务中的意识与无意识成分的贡献。20 世纪 90 年代初，雅各比等人（Jacoby，1991；Jacoby，Toth 和 Yonelinas，1993）提出的加工分离程序（process dissociation procedure，简称 PDP）正是对此问题最好的回答。

加工分离程序将意识性提取与自动提取看作两种独立的加工过程，从实验逻辑上结束了对直接测验和间接测验分离的依赖，并在一定程度上摆脱了任务分离所面临的直接和间接测验存在记忆任务的内部心理加工过程不纯净的问题，取而代之的是设定两种测试条件：意识过程与无意识过程的“协同”条件（包含测验条件），以及意识过程与无意识过程的“对抗”条件（排除测验条件）。通过计算，就能够将混合于各种任务之中的意识成分和无意识成分分离出来。可以说，加工分离程序为分离自动的和意识控制的记忆加工提供了一个有效的途径。

本节主要介绍了内隐记忆的实验研究。内隐记忆是一种通过无意识机制运作的记忆，这一特点决定了必须使用特定的方法才能对其进行测量。在实验中，测量内隐记忆的方法主要有间接测验以及加工分离程序。这两种方法的提出，大大扩展了记忆实验研究的技术和思路，并且已经应用到众多无意识研究领域中。正因如此，内隐记忆已成为当前记忆心理学中最重要和最受关注的研究领域之一。

第三节 有趣的记忆偏差：错误记忆

美国前总统罗纳德·里根（Ronald Reagan）身上曾发生过一件趣事，让我们看到了记忆的另一个侧面。他在每次竞选美国总统时，都一再地讲述一个故事：二战期间，一架美国飞机被击中后，机上的人员变得惊恐异常，这时机上指挥官对他们说："别在意，孩子！就让我们连同飞机一起降落吧。"每一次，里根都是一边泪流满面，一边自豪地述说着这位勇敢的指挥官是如何得到崇高的国会荣誉奖章的。后来一位好奇的记者核查了二战期间国会奖章获得者名单，结果没找到一个与之相似的故事。这位记者并没有死心，又作了进一步的挖掘。最终，他找到了这个情节——它来自1944年的一部电影，《飞行之翼与祈祷者》（a wing and a prayer）（Loftus 和 Ketcham，1994）。里根错把电影的情节记成了真实发生过的事！

我们的记忆为什么会发生如此巨大的偏差？记忆在多大程度上是真实的呢？这个问题引起了很多心理学家的兴趣。基于真实性的思考，记忆被划分为准确反映事实的真实记忆（veridical memory）与不能真实和准确地反映事实的错误记忆（false memory）。心理学家其实从很早就开始关注错误记忆，记忆研究的先驱之一巴特莱特就曾用一系列有趣的实验对错误记忆进行了开创性的研究。后来，随着实验心理学的发展，各种针对错误记忆的实验范式逐渐被发展出来，揭示了大量错误记忆现象。如今，关于错误记忆的研究已经成为记忆研究中一个新兴的热点。

一、何谓错误记忆

错误记忆就是指过去经验和事件的记忆与事实发生偏离的心理现象。在我们的日常生活中，记忆发生错误的现象是很普遍的。本节开篇的故事就是一个生动的例子。20 世纪 30 年代，巴特莱特的实验开创了错误记忆实验研究的先河，但是这些实验在当时没有引起多少心理学家的兴趣。直到 20 世纪 60 年代末、70 年代初，随着内隐记忆研究成为研究热点之后，人们才发现错误记忆是一个非常重要的领域（错误记忆中的很大一部分被看作是无意识的），错误记忆问题由此开始备受关注。如今，越来越多的研究者已经意识到错误记忆中包含了许多关于人类记忆本质的重要信息，并试图在错误记忆的研究中探寻理解记忆本质的线索。目前，作为一个独立的研究领域，错误记忆得到了研究者们的普遍关注，成为记忆研究中的一个新动向。以下我们就来了解一下错误记忆的实验研究。

二、错误记忆的实验研究

错误记忆是一个与日常生活息息相关的现象，因此它的实验研究也涉及了大量的应用课题。下面我们就列举一些针对社会和生活中错误记忆现象的实验研究。

1. 词语遮蔽效应

词语遮蔽效应（verbal overshadowing effects）是日常生活中一种有趣的记忆现象。一般来说，在大多数情况下，对外部刺激事件的词语化有助于记忆。但当所需记忆的事件难以用语言来把握时，词语化可能反而会有损记忆，导致错误记忆的发生，这种现象就是词语遮蔽效应。斯古勒和颜士勒-斯古勒（Schooler 和 Engstler-Schooler，1990）运用各种不同的刺激，进行了一系列实验，证实了此现象。比如，当被试观看面部图形，并须描述它们时，则对面部图形的记忆差于无须描述面部图形的被试。梅尔彻和斯古勒（Melcher 和 Schooler，1996）还将词语遮蔽研究范式扩展到对白酒味道的再认。他们在实验中发现，未经训练的品酒者在初次品酒时，如果借助语言描述白酒味道，则对白酒的再认差于那些品酒时无须对酒味进行言语描述的对照者。但词语遮蔽效应没有在专业品酒师身上出现，这可能是由于他们的专业特长使他们能够很容易将白酒味道准确地转换为语言编码。

2. 想象膨胀效应

如果你熟悉记忆术，你一定知道记忆术中运用了很多想象的技巧来提高记忆的效率和准确性，因此研究记忆术的学者往往强调想象的积极作用。但是研究发现，想象也是错误记忆产生的一个重要途径。想象能够提高一个人相信某一虚假事件确实发生过的程度，这就是“想象膨胀”（imagination inflation）效应。

在一项用想象引发错误记忆的实验中（Goff 和 Roediger，1998），研究者首先要求大学生按照主试的描述去做动作，或者设想自己在做这个动作，或者只是听实验者说而什么也不做。实验中采用的动作都很简单，例如敲打桌子、折断牙签、转动眼珠等。然后让被试在想象中做一些第一阶段没有做过的动作。两个星期后，要求被试区分这些动作最初的来源，是听见的、想象的还是真的做的。结果发现被试对未曾做过的动作的想象次数越多，就越有可能“回想起”自己在第一阶段做过这个动作。这个研究说明想象能改变我们的记忆，这多少让人感到惊奇。

可见，想象虽然能使事件更有可能被正确回忆，但是很多时候它也能使并不存在的事件更有可能被错误地回忆。在前一种情况下，想象赋予被编码事件更多的认知操作，增强了关于此事件发生的记忆；而在后一种情况下，认知操作使细节清晰化，而清晰化的知觉细节往往标示实际发生的事件，所以将不存在的事件弄假成真了。所以人们的想象越生动，就越可能将这些想象扩充到自己的记忆中（Loftus，2001；Porter 等，2000）。那些认为自己曾经被外星人诱导绑架到 UFO 上的人、那些自认为想起了童年性骚扰经历的人，通常有着很强的想象力，他们在错误记忆实验中也很容易发生错误记忆，或者在错误记忆测验中的得分也很高（Clancy 等，2002；McNally 等，2000，2001）。

3. 司法程序中的错误记忆

刑事调查和法庭作证时目击者证词的准确性，一直是人们感兴趣的问题。特别是儿童目击者报告的可信度引起了心理学家的关注。

西塞和布鲁克（Ceci, S.和 Bruck, M., 1993a，1995）在实验中，让一名儿童从一堆卡片中抽出一张，接着由一位成人向儿童读出卡片上所注明的可能发生的事情。比如“努力回想，告诉我是否曾经发生在你身上。你能记起手指上夹着捕鼠器去过医院吗?”每周都由同一位成年人反复要求儿童想象一些真实的和虚构的事件。这样询问10周后，再由另一位成年人来问他们相同的问题。结果令人震惊，占58%的学前儿童编造出了虚假的故事，这些故事所涉及的内容是一件或更多件他们从未经历过的事情，而且往往非常生动。

下面的报告来自一个最初否认捕鼠器事件的男孩（Ceci等，1994）：“我哥哥科林要从我这里拿走战斗玩具，我不让他拿走，结果他把我推进了木柴堆里。那儿有捕鼠器，进去后我的手指就被夹住了。接着我们去了医院，是妈妈、爸爸和科林把我带到那儿的，是坐我们家的敞篷车去的，因为路太远了。到医院后，医生用绷带包扎了我的手指。”面对如此生动的讲述，聆听者很难有效地分辨真假记忆。甚至孩子们自己也不能：孩子的父母多次告诉他捕鼠器事件是他想象出来的，但他却抗议说：“确实发生过，我记得!”

既然目击者的记忆如此容易受到暗示或错误前提的误导，那么在司法问讯中警察或律师的提问方式就必须注意尽量避免引发误导信息效应。

4. 被压抑的童年期记忆

另一项错误记忆的应用研究是针对心理治疗中恢复的被压抑的童年期记忆的。压抑是弗洛伊德（Freud, S.）理论中一个重要的概念，在弗洛伊德看来，我们的记忆系统实际上会对令人痛苦的信息进行自我检查。为了保护我们的自我概念和减少焦虑，我们可能会压抑痛苦的记忆。但是，那些潜在的记忆可能会由于后来的一些线索或治疗而被提取出来。因此，很多治疗师通常认为，通过催眠及其他一些暗示疗法可以恢复某些对于童年期遭受的创伤性事件（如遭受虐待或目击暴力事件等）的记忆。这些在催眠中被恢复的记忆一度曾在司法审讯中被当作可信的证据。在这些案件中，成年人通过心理治疗突然回忆起童年时曾被父母虐待，从而对父母提出控诉。

但是后来的研究表明，这些被“重新唤醒”的记忆的真实性和准确性值得怀疑。大量研究（如 Lynn 和 Nash，1994，Whitehouse，Orne 等人，1991）发现，催眠不仅不能提高记忆提取的准确性，还会导致错误记忆。有实验表明，与控制组相比，催眠被试一般不会回忆出更多的真实内容，即使在某些情境下，催眠被试回忆的内容更多，但其中错误的内容也会随之增多。在催眠过程中的事件想象、治疗师的暗示等原因会鼓励催眠被试使用他们本身带有的内在信息，这会导致催眠被试产生错误记忆。正如沙赫特(Schacter，1995）所说：催眠创设了一个提取环境，在此环境中，人们比平时更易于将内心经历作为记忆，并且对正确和错误的记忆都表现出极大的自信。越来越多的研究者认为，压抑即使存在也是很罕见的。但是有关的争论还在继续。

第四节 指向未来的记忆：前瞻记忆

传统记忆研究中的记忆类型，不论是从哪种角度进行划分，它们都是对于过去所发生事件或行为的记忆。换句话说，记忆信息均是指向过去。例如，回忆童年的生活。这类记忆可以称为回溯记忆（retrospective memory）。与之相对，生活中有一些记忆信息是指向未来的。例如记住一小时后给朋友打个电话。为了与传统的回溯记忆的研究相区别，研究者提出了前瞻记忆（prospective memory）的概念。随着这两种记忆不同特点的发现，前瞻记忆逐渐成为一个与回溯记忆相对的、独立的研究领域。

一、何谓前瞻记忆

前瞻记忆是指对于预定事件或未来要执行的行为的记忆，即对于某种意向的记忆。它反映了将来的情况，使人们记得去做一些事情。前瞻记忆现象在日常生活中十分普遍，例如，记得星期一下午三点开会等，如果按时去开了会，就可以说前瞻记忆实现了，若忘记了开会的事情，则前瞻记忆失败。在这里，前瞻记忆的标志是未来时间点上预定事件或行为是否发生。格拉夫将前瞻记忆类比为采矿，完成前瞻记忆者的任务就是在环境中根据矿物储存的标志，确定是否有矿可以开采，而具体的采矿任务则留待矿工去解决，后者就是回溯记忆，当标志被认出时前瞻记忆就结束。

前瞻记忆一般可以划分为基于时间、基于事件和基于活动三类。基于时间的前瞻记忆，需要人们在一个特定的时间（如：在约定的时间去看望某人）或在一段时间过后（如：十分钟后从微波炉中取出食物）去执行一个行动。基于事件的前瞻记忆，则需要人们在一些特定外部事件发生时去执行一个行动（如：当你见到某人时给他捎个消息）。而基于活动的前瞻记忆强调的是个体所从事的活动，是指人们在完成当前的行动中活动之后或之前去执行前瞻记忆任务，例如，要一个孩子在做完作业后去商店买东西等。

二、前瞻记忆的研究方法

前瞻记忆和回溯记忆之间存在的差异，决定了前瞻记忆在研究方法上与回溯记忆也有所不同。前瞻记忆的研究方法主要有自然法、实验法、情境模拟法。

（1）自然法

早期有关前瞻记忆的研究带有浓厚的自然主义色彩，完全不同于传统的记忆实验法。例如，要求被试完成问卷，或在需要交回的问卷某处写上日期和时间（Dobbs 和 Rule，1987）；让被试在某个特定的时间邮寄明信片或打电话给实验者（Meacham 和 Leiman，1975，1982）等等。此外，更进一步的技术还有模拟服药片任务，即让被试带回去一个小盒子，每天定时按盒上的按钮，里面的装置自动记录时间（Wilkings 和 Baddeley，1978）。

自然法力图研究现实生活中人们的前瞻记忆表现，因而具有较高的生态效度。但自然法不能严格控制和评估被试所使用的不同记忆策略，也不能控制被试由于种种原因虽然记得要执行任务但没有履行的情况。鉴于太多的额外变量不能得到有效的控制，因而任务的完成情况并不能完全反映出被试的前瞻记忆水平。这种方法学上的缺陷使自然法所得结果的信度无法令人满意和放心。

（2）实验法

20 世纪七八十年代，研究者对前瞻记忆的实验研究进行了多次尝试，但未能找到令人满意的范式。直到 1990 年，爱因斯坦和麦克丹尼尔（Einstein 和 McDaniel）发展了一种前瞻记忆的实验研究方法，终于将前瞻记忆引入到实验室的情境中来。该方法的具体程序为：首先，在实验开始时给予被试短时记忆任务（回溯记忆任务）；接着告知前瞻记忆任务，即在完成一系列短时记忆任务（也称为“进行中任务”）时，如果碰到某个特定的单词（靶事件）就按下反应键；在短时记忆任务开始执行前，先要求被试完成一些干扰任务（如词的回忆和再认任务），以避免前瞻记忆任务保存在工作记忆中，并使之产生一定程度的遗忘；然后，开始执行嵌有规定靶子词的短时记忆任务；最后，根据被试按下反应键的正确率来评估其前瞻记忆任务的执行情况。

此后，大量实验研究多采用了这个实验范式。区别只是不同研究者根据各自的实验目的，对前瞻记忆任务、干扰任务、靶事件以及所嵌入的回溯记忆任务的形式与内容作了相应的变化。如，前瞻记忆任务可能是简单地写一个词或作一个记号，也可能是完成某一动作；干扰任务采用喜爱程度评估或面孔再认等；靶事件可能是一个动作、一个符号，甚至一个特定的间隔和顺序；回溯记忆任务则可能是阅读文章或短时记忆等。

（3）情境模拟法

使用自然法的研究难以对各种变量进行有效的控制，而严格控制的实验法研究又面临着生态效度等问题，因此研究者提出了情境模拟法。在情境模拟法中，对前瞻记忆的测量是对现实生活的模拟，同时又可以对额外变量进行严格控制。可以说，该方法集前两种方法的优势于一身，并解决了它们所无法避免的问题。

科瓦维拉什维利（Kvavilashvili，1998）以成年人为被试进行了研究。实验中要求被试分别在两个实验室内完成一些任务，当从第一个实验室移到第二个实验室时，要求他们去问第二个主试另外的一些数据，并在回来时要将这些数据带给第一个主试。而第二个主试会对被试说她不能立刻查找那些数据，然后要求被试提醒她在完成实验任务后查找所需要的数据。8分钟后，记录被试是否发出了被要求的提示。在实验二中，被试被独自一人留在实验室中执行一个实验任务，为了“在他们的测试期间保证安静”，拔掉了房间里的电话，并要求被试在5分钟的测试时间结束后重新挂好它。此时，前瞻记忆任务为被试是否记得把电话挂起来。

在布鲁克斯等（Brooks 等，2000）的研究中，要求被试想象自己身处一个房间里，任务是整理房间中的家具和用品。基于事件的前瞻记忆任务是把“易碎的”标签贴在5件玻璃制品上；基于时间的前瞻记忆任务是每5分钟按一下电铃让外面的人进来；而基于活动的任务则是关上厨房的门以防止猫进入。最后将对比三个任务的执行情况，以及被试对自己前瞻记忆水平的评估。

情境模拟研究具有前两种方法所没有的优势，在一定程度上解决了自然法和实验法所面临的问题。但是在具体的研究中究竟选择哪种研究方法更好一些，还要视研究所要解决的问题而定。

第五节 有情有忆：情绪记忆

每个人都有这样的体会：回忆那些陪伴自己成长过程中最美好和最糟糕的经历总比回忆那些波澜不惊的普通经历来得容易。例如，人们回忆起诸如假期出游之类的事时，会记得游乐园的食物、景致和各种游乐设施，但却忘记了那里的湿热和长龙般的队伍。可见，情绪在我们的记忆中扮演着重要的角色。对情绪事件和情绪体验的记忆本身就构成了记忆的一种类型——情绪记忆，情绪记忆已经成为一个备受关注的领域。

一般来说，情绪记忆（emotional memory）就是指对情绪事件或情绪体验的记忆。其中，情绪事件（emotional episode）

就是那些引起情绪反应的特定事物或事件，例如国家元首的逝世、目击犯罪、经历灾难等。情绪记忆中最有代表性的是一种被称为“闪光灯记忆”的情绪记忆，我们将首先以它为例来介绍情绪记忆的研究。

一、闪光灯记忆

闪光灯记忆（flashbulb memories）是一种生活中很有代表性的情绪记忆，它是指对有新闻价值的创伤性事件的情绪记忆。闪光灯记忆最明显的特点是持久的鲜活性。也就是说，这种创伤性新闻事件的体验者不仅能长久地对新闻事件本身保持鲜明的记忆，甚至对听到这一消息时所处的具体环境也会保持清晰的记忆，即使闪光灯事件已经过去很多年，也仍然历历在目。但是，尽管闪光灯记忆对于体验者来说是如此鲜活，但是它的准确性却受到质疑。

例如在一项研究（Neissel & Harsch， 1992）中，当要求美国被试回忆多年前他们听说“挑战者号”爆炸时自己正置身何处时，他们通常会发生错误回忆。当让他们阅读“挑战者号”爆炸一天后自己亲手写的报告时，大多数人都很惊讶，有些人仍很坚信他们后来的错误记忆，甚至认为他们的最初报告有误。对于闪光灯记忆为何能保持长久的鲜活性以及是否准确的问题，实验室研究提供了不少有益的探讨。其中最重要的是情绪记忆中的“核心信息效应”和“时间间隔效应”的发现，这两种效应在一定程度上解释了闪光灯记忆持久的鲜活性以及容易发生错误记忆的原因。

克里斯蒂安森（Christianson，1984）在他的闪光灯记忆研究中首先定义了情绪事件的核心信息与外周信息。他认为核心信息是情绪唤醒源的一个组成部分，与情绪事件的主题直接相关，而外周信息是指那些与情绪唤醒源无关或关系甚微的细节。他希望在实验中比较核心信息和外周信息的记忆效果是否存在差异。由于实验室中无法真正模拟日常生活中的闪光灯事件，因此研究者是以消极情绪唤醒事件来代替这些“有新闻价值的创伤性事件”的。具体地说，克里斯蒂安森在实验中让两组被试观看情节相似的一段影片，所不同的是情绪组看到的影片一开始有个男孩被车撞倒后送进医院，而控制组看到的影片则一开始是男孩身边擦过小车、同时男孩招呼同伴。结果发现，情绪组较之控制组对影片的主题与主要特征（核心信息）记忆效果较好，而在延后再认测验中这些信息仍然得到很好保持，但是外周信息却遭到破坏。

另一项研究也得到了类似的结论。霍耶尔和里斯伯格（Heuerh 和 Reisberg，1990）在一项对照组实验设计中让每组被试都观看一个用图片序列描述的故事，其开始与结尾形式均相同，但是中间程序不同，一个是中性的而另一个是情绪性的。这些图片高度匹配，如时间、地点、人物等，两组被试均被告知实验者感兴趣的是“测验不同材料的生理唤醒”。这个研究中，核心信息被定义为直接与故事梗概有关的信息，而其他信息则叫细节信息（相当于外周信息）。研究表明，在即时测验（形式为再认与再现）中两组记忆不存在差异，然而在延时测验中唤醒组成绩则明显好于控制组，而且记忆优势主要表现在核心信息的保持上。这个研究表明情绪唤醒可能在记忆的延迟测验中会产生核心信息记忆的优化效应。

总之，上述研究反映了两种效应：① 情绪时间中核心信息的记忆效果要好于外周信息，即核心信息效应；② 核心信息效应记忆优势随时间间隔的增大而变得明显，即时间间隔效应。

其中情绪记忆中的核心信息效应可以用注意的差异性分配来解释。也就是说，在情绪事件中，被试在核心信息上分配了更多的注意资源，这促进了核心信息的记忆同时也会“滤掉”一些外周信息。如此以来，人们对情绪事件的记忆肯定是不完整的，这一定程度上解释了闪光灯记忆中出现的某些细节记忆的不准确和错误记忆现象。这种观点目前虽然没有完全得到实验的支持，但不失为一种可行的解释。

时间间隔效应则反映了情绪记忆的抗遗忘性，这和日常生活中闪光灯记忆持久的鲜活性是一致的。对此效应的解释之一是刺激后精细化（post-stimulus elaboration）。即相对于中性事件，人们往往会更加个性化、心理化而较少利用语义或抽象方式来思考情绪事件，这必然会引起更多的注意和复述，从而提高了记忆效果，所以总体随时间对细节信息的丧失似乎比一般中性事件记忆中所得到的经典遗忘曲线要平缓得多。另一种观点则解释了此效应可能的生理机制，即情绪状态中人体内产生的激素对记忆产生了促进。实验发现，注射过唤醒激素的老鼠只需接受温和的电击就能产生十分难忘的记忆，同它受到高强度电击时所引发的记忆一样强烈（Gold，1987，1992；Martinez 等，1991）。激素的大量分泌会导致葡萄糖的分解，进而为大脑提供了较多能量，以此来通知大脑发生了重要情况。相反，服用抑制应激的激素类药物的被试，会使得他们在稍后的回忆中，比如回忆一个令人烦乱的故事，显得困难重重（Cahill 等，1994）。这些观点从不同的角度揭示了为什么那些闪光灯事件总让我们念念不忘，历久弥新。

二、遗忘症患者的情绪记忆

通常，对情绪事件的记忆和对情绪体验的记忆往往是密不可分的，对情绪体验的记忆包含在对情绪事件的记忆中，因此在闪光灯记忆的介绍中，我们没有对两者进行特别的强调和区分。但是，两者分离的情况也并不罕见。例如，一些暴力案件的受害者会出现心因性遗忘症的症状，表现出对暴力事件没有任何外显的记忆，但是当他们回到暴力案件的发生地点或者接触到某些暴力案件的线索时，却会表现出强烈的恐惧或焦虑。这说明，在对情绪事件的记忆无法外显地恢复时，对情绪体验的记忆却可以被无意识地提取出来，表现出内隐记忆的特征。这种情绪记忆提取的无意识性在一系列对遗忘症病人的记忆研究中得到了验证。

我们知道，外显记忆与内隐记忆之间最戏剧性的分离是在遗忘症病人身上观察到的。而这一领域的大量研究也证明：当缺乏外显记忆基础时，情绪反应仍然可以在遗忘症患者的内隐记忆中得以保存。科尔萨科夫（Korsakoff，1889）很早就观察到，没有外显记忆的遗忘症患者在接受电击后会通过陈述对电击他的医生表现出一定的情绪反应，从而表明情绪反应与内隐记忆有关。约翰逊等人（Johnson等人，1985）用两个实验验证了这一发现。这两个实验分别可以称为“曲调研究”和“好人/坏人研究”。“曲调研究”是基于扎扬克（Zajonc，1968）提出的纯粹接触效应（mere exposure effect）进行的，即某一刺激仅仅因为呈现的次数越频繁，个体对该刺激就越喜欢，而且呈现的刺激并不必要刻意引起注意或者强化注意就能引起这一效应。实验中，他们给科尔萨科夫遗忘症患者及其对应控制组（正常被试）呈现一段他们不熟悉的韩国音乐，然后将这些旧音乐与同类未呈现过的新音乐混杂起来随机播放，要求在五点量表上对每段音乐予以评估来表达其喜欢程度。结果发现，正如纯粹接触效应所预期的那样，虽然遗忘症患者无法再认那些旧音乐，但是他们和正常被试一样都趋向于更喜欢旧音乐胜过新音乐。在“好人 / 坏人研究”中，被试组成与“曲调研究”相同。实验中向所有被试呈现两张照片，然后被试会听到一段录音，这段录音将其中一人描述为好人而另一人则为坏人。在不同的时间间隔之后，问被试更喜欢哪张照片上的人，正常被试会挑出“好人”照片并能够基于录音的描述陈述他们的判断的理由。遗忘症患者也表现出对“好人”的强烈偏好，但是他们无法说出明确的理由，而这种没有理由的偏好保持了一年之久。这些研究结果提示我们，情绪记忆不但可以在意识水平上提取，它也可以在无意识水平上提取。

以上我们用了闪光灯记忆和遗忘症病人的情绪记忆为例，简单地介绍了关于情绪记忆特点和提取机制等方面的研究。虽然该领域的研究还存在着一些矛盾，理论观点也并未十分明确。但我们相信，随着研究方法的不断发展，情绪记忆研究的框架会越来越明晰。此领域的研究可以揭示大量日常记忆现象的规律，并且找到了情绪和记忆两大领域的契合点，因此必将展现出越来越广阔的研究前景。

本章小结

自从实验心理学诞生开始，记忆就是实验研究中的重要课题。Ebbinghaus 和 Bartlett 在实验法创立的早期就对记忆进行了开创性的研究，为后来的记忆研究奠定了基础。其后，研究者逐渐认识到记忆是一个包含多种结构的复杂系统，可以依据不同标准对记忆进行分类。于是随着实验理论和手段的进步，记忆的信息加工模型、内隐记忆、错误记忆、前瞻记忆和情绪记忆等记忆类型都被逐渐纳入到实验研究的体系中来。对于不同的记忆类型，实验心理学发展出了各种有针对性的研究方法，这些方法的日益精细使得深入揭示各种记忆类型的规律成为可能。下表列出本章介绍过的记忆类型以及它们的主要实验方法，作为本章的回顾。

分类依据	记忆类型	特点	典型实验方法
信息加工模型	感觉记忆 短时记忆 长时记忆	感觉信息的瞬间储存 信息的暂时储存和操作 信息的长时间储存	部分报告法 反应时法等 再认法、节省法等
提取的意识性	外显记忆 内隐记忆	有意识的外显恢复 无意识的自动恢复	直接测量 间接测量、加工分离程序
是否真实反映事实	真实记忆 错误记忆	准确和真实地反映事实 错误或虚假地反映事实	联想研究范式、误导信息干扰范式等
信息指向过去/未来	回溯记忆 前瞻记忆	记忆过去的行为或事件 记忆某个意向	Einstein-McDaniel 的实验范式
是否涉及情绪事件	情绪记忆	对情绪事件和情绪体验的记忆	闪光灯记忆的研究方法

第八章 实验心理学研究内容大探究(Ⅳ):情绪

每个人体内都有人所共知的最有助于身体健康的力量,就是良好情绪的力量。

——辛德勒

情绪在现实生活中，扮演着重要的角色。很难想象没有情绪的生活会是怎么样的。如果没了情绪，父母见到自己的孩子不会有舐犊之爱，恋人见到自己的意中人不会有依偎之情，我们搞砸了一场重要的演出不会感觉到悲伤，朋友再精彩的故事也不会让你会心一笑。如果没有了情绪，“宇宙中的任何一部分都不会比另一部分更为重要；世上的万事万物的整体特征将变得毫无意义、毫无性格、毫无表情或是洞察力”。我们这个多姿多彩的世界会变得单调乏味，我们会丧失前进的动力，在缓慢迟滞的人生旅程中随波逐流。情绪非常地重要，这样的说法可以说没有任何的新意。实际上，几乎每一个思考过人类处境的人都非常重视情绪的重要性。然而，具有讽刺意味的是，自命以研究人为使命的心理学家却并不包含在内。心理学家长期以来都认为情绪是“所有心理学领域中最令人困惑和困难的论题之一”，事实上，当心理学家在面对情绪时，他们对情绪的复杂性感到了空前的绝望，甚至有的心理学家建议将“情绪”这一术语从心理学的词汇中删除！

当然，绝望并不意味着放弃。事实上，从20世纪80年代开始，心理学重新发现了情绪。原本的束手无策和回避让位于一系列的实证研究和理论分析。在本章，我们将共同步入情绪的万花筒，看一下实验心理学是如何开展情绪实验的。其中，在第一节我们着重介绍情绪实验中的变量，即我们来看一下心理学家是从哪些角度来控制、引导和测量情绪产生的。在后面的三节里，我们分别介绍情绪实验中所涉及的三大类反应指标，即情绪的生理变化、表情行为以及情绪的主观体验。

第一节　情绪实验中的变量

一般而言，心理过程越复杂，那么它对研究方法的要求也就越高，对变量的控制也就越发严格。情绪就是这样一种心理过程。任何一个简单的情绪，如哭、笑等，都包含着极其复杂的过程，涉及到诸多变量。在所有这些变量中要想严格的区分出固定的自变量、因变量和控制变量是非常困难的。同样一个变量，在不同的实验中可以扮演自变量的角色，也可以扮演因变量的角色，甚至还会成为某些实验中需要控制的变量。因此在叙述情绪研究中的变量时，研究者们往往采用另外一种分类的方法，即把这些变量分为认知变量、行为变量和生理变量。

图 8-1　情绪的复杂性：上面这两位是
喜极而泣还是悲从中来？

一、认知变量

情绪和认知之间存在着千丝万缕的联系，情绪可以影响认知，如人们心情好的时候更容易听取别人的批评和建议。同样，认知也会影响情绪，甚至会直接导致某种情绪的产生。在情绪实验中，所涉及的认知变量大体可分为情境变量、认知解释和被试的自我报告三种。这些变量有些属于自变量，有些则属于因变量。

1. 情境变量

情绪不是自发产生的，它往往是由刺激引起的。能够引起情绪的刺激有很多，有些是内在的，但更多的时候是外在的刺激。这些能够引起情绪的外在环境刺激构成了情绪研究中的重要变量——情境变量。严格地讲，生活中的任何人、事、物的变化似乎都可以引起人情绪的波动。和煦的阳光、清凉的海风、一片无垠的草原，会使人心旷神怡；忙碌的街头、拥挤的地铁站、喧闹的市场，则有可能使人烦躁不安；周星驰的电影会让你捧腹，而贝多芬的乐章则会使听者热血沸腾。所有这些影响和激发情绪的外在因素都构成了情绪研究中的情境变量。在情绪实验中，情境变量一般来讲是作为自变量出现的，它需要人们认知的参与。换句话说，导致个体情绪产生的并不是情境本身，而是人们对情境的认知。

情境变量是情绪研究中应用比较多的一种自变量。很多研究者都是通过让被试进入某一情境来引导被试产生相应的情绪。如，Gross 在研究情绪调节的过程中，给被试观看一系列的电影来诱发被试的某种情绪。有些电影片段，如《猫和老鼠》的动画片（见图 8-2），可以诱发高兴的情绪。而有些电影片段，如恐怖片《午夜凶铃》，则可以顺利地诱发恐惧的情绪状态。再比如，克雷格和洛厄里等人在研究移情的过程中，让被试观看一个人（通常是实验助手）正处在危险情境中，或者正在遭受电击（通常是虚假的）的情境。这些情境布置得非常逼真，使被试不自觉地做出相应的情绪反应。

在心理学实验中，对于情境变量的控制，研究者主要采取以下几种方法。第一种方法，就是让被试直接处于某一真实情境中。在这样的研究中，实验者会精心安排特定的情境，如让被试亲临战场，或者进行飞行跳伞的实际操作，以此来对被试的情绪进行研究。第二种方法相对来讲成本要节省很多，研究者不让被试直接处于某种特定的情境下，而是让他们观察一种实际发生的情景。上面所举的电影的例子就是这种处理的典型方式。需要注意的是，在上述操作实施过程中，一般都是要对被试隐瞒真实的实验目的。因为如果被试了解到实验的真实目的，就会在表现上有所控制，极易发生“污染”实验结果的现象。

图 8-2　这部动画片会诱发您怎样的情绪?

2. 认知解释

我们知道，单独的情境并不会引发情绪。个体对情境的认知解释才是导致情绪产生的根本原因。同样丢了马匹，有人会懊恼不已，而塞翁则不然。只是因为面对相同的情境，二者的解释有所不同。在实际的情绪实验中，认知解释也成为心理学家控制的一个变量。它可以单独构成一种自变量。根据特定实验的需要，这种认知解释可以是真实的，也可以是虚假的。

心理学中的“安慰剂”效应在一定程度上可以看作是对认知解释的一种控制。在美国曾经发生过这样一件让人感觉奇妙的事。有一位身患癌症的病人，请一位医学博士给他服用一种治疗癌症的“特效药”——克尔比奥桑。病人在服药之后，果然神奇般地精神振奋，甚至一度可以自己驾驶飞机。但是不久之后，这位病人从书上得知这种药物根本无效时，病情立即加重，再度住进了医院。为了帮助这位病人，医生告诉他，服用新型的“克尔比奥桑”肯定有效。说来也奇妙，这位病人在服用了新型的“克尔比奥桑”之后，果然病情有了明显的好转。在这个例子中，对这位病人产生影响的显然不是什么所谓的新型药物，而是病人对服药这一情境的认知解释。

在实际的情绪实验中，研究者也采取了类似的研究策略。如在 1962 年沙赫特进行的一项经典实验中，他将被试分为三组。第一组，告知肾上腺素的效果。即向被试说明注射药剂后将产生长达 20 分钟的副作用，对这些副作用的描述与注射肾上腺素后产生的主观体验相同。第二组，不告知肾上腺素的效果。注射时告诉被试，药剂是温和无害的，而且没有任何副作用。第三组，歪曲肾上腺素的效果。告诉被试注射药剂后将产生双脚麻木、发痒和头痛等现象，这与肾上腺素的真实效果完全不同。通过这样的方式，就可以从一

图 8-3 真实情况不重要，重要的是如何解释

个侧面了解认知在情绪中发挥的重要作用。

3. 自我报告

情绪是伴随着个体的体验而存在的，因此个体自己主观的情绪报告就成为情绪研究中的主要工具。最简单的报告是由被试自己描述自己当时的情绪状态。然而这种方法过分依赖于被试的言语表达能力。有些情绪可能被试体验到了，但不一定能够准确地加以报告。我们不妨来看一个例子。沈从文先生在《边城》中描写翠翠情窦初开，一个男子悄悄地来到心上，同时又前途未卜的心情时，用了这样的描述："她就这样快乐着，但又有些儿怅惘和薄薄的凄凉，这种心情精细含蓄、灵动微妙，如薄雾般轻而且细，无形无迹，又无边无垠。"这样一种情绪状态的报告，非有相当的敏感且较高的表达能力才行。而一般的被试显然未必能达到这样的要求。此外，被试自己的描述措辞多样，这也为进一步的量化造成了很大的困难。于是，另外一种自我报告的形式产生了，那就是采取情绪量表或问卷的形式来进行报告。

在实际的操作过程中，情绪自我报告的量表可以分作两大类，一类是情绪状态量表，这类量表主要用来测量被试的情绪体验。如，在实验中让被试看完某段电影后，报告当时的情绪状态。表 8-1 提供了一份情绪状态量表。另外一大类是情绪特质量表，这类量表主要用来测量被试的一般情绪反应倾向。表 8-2 是与表 8-1 相对应的情绪特质量表。在实际的实验过程中，情绪状态量表可以作为实验的因变量，考察实验操作对被试情绪状态的影响，而情绪特质量表更多时候是作为实验的辅助手段，从而对被试加以分类和控制。

表 8-1　情绪状态量表(部分)

表 8-1 情绪状态量表(部分)
1. 我觉得惊喜或惊奇。
2. 我对自己的生活感到满意。
3. 我觉得恐慌。
4. 我对身边的人和事物感到有兴趣。
5. 我对身边的事物感到厌恶。
6. 我觉得心情平静而轻松。
7. 我觉得心情不好。
8. 我觉得心情愉快。
9. 我觉得想哭。
10. 我觉得世界是美好的。

表 8-2　情绪特质量表(部分)

表 8-2 情绪特质量表(部分)
1. 我常常觉得惊喜或惊奇。
2. 我常常对自己的生活感到满意。
3. 我常常觉得恐慌。
4. 我常常对身边的人和事物感到有兴趣。
5. 我常常对身边的事物感到厌恶。
6. 我常常觉得心情平静而轻松。
7. 我常常觉得心情不好。
8. 我常常觉得心情愉快。
9. 我常常觉得想哭。
10. 我常常觉得世界是美好的。

（引自叶玉珠,2003）

二、行为变量

伴随情绪产生的另外一大类变量称之为行为变量。在日常生活中，我们会看到，人们难过了会哭，高兴了会笑，害怕时会缩成一团等等。这些行为构成了情绪研究中一大类非常重要的研究变量。对于大部分行为变量而言，他们都是作为因变量而出现的，只有少数的行为变量会作为自变量出现。在实际的心理学实验中，动物被试和人类被试有着不同的境遇。在有关动物情绪实验中，研究者们经常观察的行为变量主要包括以下两种类型：

第一种类型是典型的情绪行为。例如，对猫而言，惊栗和冲撞表示恐惧，甩尾、弓腰、嗥叫、瞠目表示狂怒等等。在对动物进行情绪实验时，排尿和排便是最常用的指标。通过观察记录动物这些典型的情绪行为表现，研究者可以考察实验操作的动物情绪的影响。

第二类行为变量主要来自于条件性情绪反应和回避反应

的研究技术。例如，它可以是动物接近食物的潜伏期和摄食（水）量；可以是在特定跑道上的奔跑速度；甚至可以是明度辨别任务。其中一种典型的方法称之为旷场反应，它常常被心理学家用作测量动物活动量和情绪性的指标。

当研究的被试变为正常的人类时，研究方法就相对人性化了许多。研究者通常会借助一些辅助的技术和工具，如摄影、摄像等，来观察被试典型的行为表现。这些行为包括被试的面部表情、言语等。具体的研究方法，我们将在情绪实验中的表情行为研究一节进行详细的介绍。

三、生理变量

当人们出现明显的情绪变化时，其生理状态同样也会发生相应的变化。譬如，在生气的时候，人们的心率会加快。而恐惧的时候，心率则会降低。紧张的时候，手心会出汗等等。当然，上面所举的例子都是生理反应作为情绪因变量的例子。在很多情况下，生理的变化同样会诱发情绪的产生。譬如，有的研究者在实验中，通过将被试的脚放入温度较高的热水中，来诱发被试的情绪等等。在这里，我们首先介绍一下，情绪实验中，研究者通常会采取哪些方法来改变被试的生理状态，从而改变其情绪状态。

生理变量在作为自变量出现在情绪实验中时，其方法和技术大部分直接来源于生理心理学的研究方法。最常用的研究方法包括：损伤法、电刺激法和化学刺激法。

1. 损伤法

损伤法是指对被试的生理器官进行直接的损伤，这种损伤大部分局限于神经系统的某些部位。如研究者通过外科手术切断神经系统之间的某些联系，也有可能对局部的脑区进行切除。由于这种方法存在巨大的伤害性和不可逆性，所以很少应用在正常的人类身上。动物实验或非正常人类身上才会使用这种方法。

研究者在探讨情绪的中枢机制时，在动物身上进行了大量的损伤实验。如有的研究者切除动物皮质而使丘脑和下丘脑保持完好，从而观察不同脑区在情绪中的作用。从这一意义上看，损伤法对情绪机制和传导通路的探索不失为一种好的研究方法。

2. 电刺激法

电刺激法是采用某种技术手段，用电流刺激被试中枢神经系统中的某些部位，从而研究情绪的脑机制的研究方法。在动物实验中，电刺激可以直接作用于脑部。采用电刺激法研究情绪的经典实验是由奥尔兹在20世纪50年代完成的。奥尔兹及其助手采用斯金纳箱的方式进行实验，他们在老鼠的脑子里装入电极，老鼠只要一按作为开关用的杠杆，电路就接通，装有电极的脑部位就会受到微弱的电刺激。老鼠经过一定时间的学习，就学会通过按压杠杆来控制电流对脑的刺激，即建立操作性条件反应。实验表明，如果在鼠脑的某些部位装入电极，老鼠会无休止地、连续按压杠杆以进行自我刺激，如果在鼠脑的另一些部位装入电极，老鼠则会在按压一两次杠杆后，就不再按压杠杆以避免刺激。

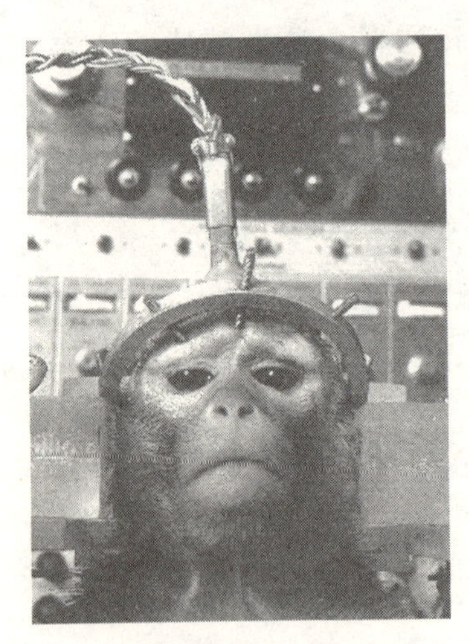

图8-4 这样的实验是不是也值得人们反思？

奥尔兹通过上述实验，发现了脑内所谓的“快乐中枢”，在这些部位装上电极的话，甚至可以以每小时 8 000 次的频率连续按压杠杆以进行自我刺激，直至筋疲力尽进入睡眠状态为止。

3. 化学刺激法

化学刺激法和电刺激法相类似，只不过作用于神经中枢的不再是电流，而是某种化学药物。这些化学药物的作用可能会随着代谢而逐渐消失，因此可以用来对某种情绪机能进行暂时的影响，而不会产生不可逆转的伤害。然而，即使如此，在采用化学刺激法时，仍然多是用在动物的身上，而不会直接采用人来做实验。

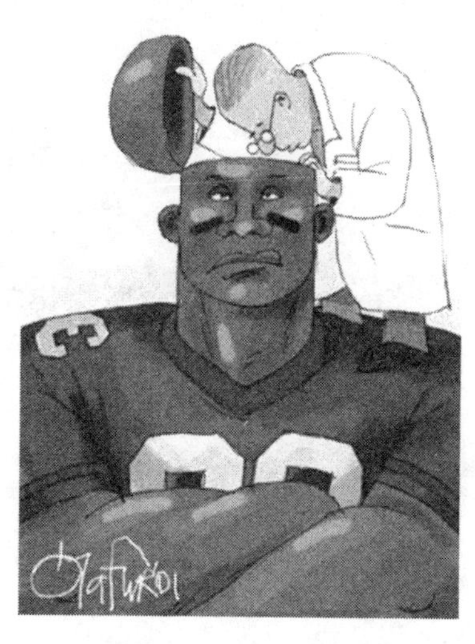

图 8-5　这就是心理学家

化学刺激法也可以通过注射的方式直接作用于机体。这些化学药物的主要作用可以使个体处于一种比较兴奋的状态。体育运动中存在的形形色色的兴奋剂，就可以看作是运用化学刺激法影响个体生理机能和情绪状态的一种做法。但这种做法一方面有碍了公平竞争的理念，另外一方面则可能会对运动员产生长期的不良影响，因此为世人所不齿。在实际的临床医疗中，一些药物，如抗抑郁的药物、抗燥狂的药物可以直接影响个体的情绪状态。

上面所介绍的三种生理变量是作为实验中的自变量出现的，研究者可以通过这些方式改变被试的生理状态，从而影响他们的情绪。但正如我们在上面的论述中所指出的那样，这些处理有可能会对被试造成一定程度的伤害，因此在正常的人类被试身上，这些方法和技术采用的并不是很多。在实际的情绪实验中，个体的生理变量更多情况下是作为因变量出现的。那么，研究者主要对哪些生理指标比较关心呢？在下一节我们将对情绪研究中所涉及到的生理指标作进一步的阐述。

第二节　你心跳快了，所以你快乐：情绪之生理指标

正如我们在前面所指出的那样，任何一种情绪，无论强度大小往往都伴随着一系列生理的变化。这其中最为明显的是自主神经系统的活动。而我们知道，自主神经系统通常来讲很难被意识所影响，因此测量自主神经系统的生理变化就可以真实反映出个体的情绪状态。电影电视节目中经常出现的测谎仪，在一定程度上就是利用了上述的原理。那我们赶快来看一下，心理学家是采用哪些生理指标考察被试的情绪变化的。

一、皮肤电反应

人的皮肤不是绝缘体，它是可以导电的。这一现象最早在 19 世纪 80 年代就已经被发现了。当时的研究者将两个电极连接到人的手臂上，并把这两个电极和电源、电流计串联，发现电流计居然有电流通过的指示。更为神奇的是，当用光和声音刺激时，皮肤表面的电阻会降低，电流增加。随

着研究的深入，研究者们逐渐揭示出这一现象背后的机制。原来自主神经系统的变化会导致皮肤内血管的收缩和紧张，而且汗腺活动会发生变化，从而导致皮肤电阻的变化。而自主神经系统往往又和情绪联系在一起，因此，皮肤电反应就开始成为情绪研究中表征情绪变化的重要指标。

在一项有趣的心理学实验中，研究者只是让被试听一些带有情绪色彩的词语，结果发现这些简单的词语就引起了被试的皮肤电反应。而且有趣的是，愉快和不愉快的词语所引起的皮肤电反应是不一样的。不愉快的词语更能够引起皮肤电反应的提高。

二、循环系统的指标

自主神经系统不仅掌握着皮肤电的反应，而且还控制着循环系统的反应。因此，一些循环系统的指标也成为测量情绪的有效指标。在实际的实验操作过程中，研究者们采用比较多的循环系统指标包括脉搏、血管容积和血压。

1. 脉搏

脉搏反映的是心脏的跳动，而心脏是受自主神经系统操控的。我们在日常生活中，常常都有这样的体会，满意或愉快时，心跳正常；而处于紧张或暴怒状态时，心跳就加速。心跳的变化直接反映在脉搏的变化上，研究者借助脉搏描记器就可以记录和观察到心跳的变化。

在一项研究中，心理学家试图考察紧张程度和工作效率的关系。其中，心率就作为紧张度的指标。研究结果发现，随着心率的不断增加，工作的效率会随之提高。但是到达一定程度之后，心率的增加则会降低工作的效率。这一实验揭示出了心理学里面的一项重要定律，即耶克斯-多德森定律，该定律表明，中等程度的紧张可以帮助人们发挥出最高的工作效率。在这个著名的实验中，脉搏就是情绪反应的生理指标。

2. 血管容积

血管容积是表示情绪变化的另外一项重要的生理指标。血管容积的变化是由自主神经系统控制动脉壁平滑肌收缩和舒张所造成的。一些实验研究清楚地表明，人的某些情绪状态如紧张的脑力工作、生气、害怕、新异刺激等，都可以引起皮肤血管的收缩，这是由升压中枢的作用引起的。这种情绪刺激引起的反射作用使动脉压升高，从而使更多的血液进入脑中。当人感到为难或羞耻时，由于降压中枢的反射作用，会引起皮肤血管的舒张，更多的血液进入表面，从而表现出面红耳赤等情况。

3. 血压

血压和血管容积指标是相互关联的。现实生活中，我们经常可以观察到，一个人着急的时候，血压会上升。心理学家曾经采用血压的指标，开展过这样一项实验。研究者以100名医学院二年级学生为被试，研究血压变化与情绪状态的关系。他采用的方法是放映三段不同的影片，第一段内容是关于爱情的，第二段表现主角受到虐待，第三段描写城市被地震毁灭，主角处于危险中。他希望这三段影片能分别引起被试的性、愤怒和恐惧情绪。实验是单独进行的，在各段影片之间插入十分钟的无关影片，主试在被试们观看影片的过程中记录他们的血压变化。研究发现，第一段影片（关于爱情的内容）引起的血压变化十分明显，100名被试中有88名有明显变化。

4. 呼吸

在情绪状态下，人正常的呼吸节奏会被打乱。如在疼痛的情况下，往往会出现呼吸加快加深的现象。而在惊恐的情况下，人的呼吸会发生临时性的中断。于是，呼吸频率的变化成为心理学家研究情绪的重要工具。心理学测量呼吸的方法一般包括以下三种：

（1）吸气呼气的比率

呼气和吸气的比率是表征情绪的一项重要指标。它的计算是通过吸气的时间和呼气的时间之比求得的。心理学家研究发现，呼吸时间的比率与情绪之间存在一定程度的对应关系。人在正常状态下，吸气和呼气的比率为 0.70。但是在欢笑的时候，吸气慢呼气快，呼吸的比率约为 0.30。恐惧的时候吸气和呼气的比率上升到 3.00 或 4.00。而人在吃惊的时候，吸气时间是呼气时间的 2 到 3 倍。

（2）吸气相对时间

吸气相对时间和吸气呼气比率有类似之处，它是用整个呼吸周期的时间除以吸气的时间而得到的，它表示吸气所占时间的比例。研究发现，在说话时所有被试的平均分数是 0.163，范围在 0.090 到 0.258 之间。这是说，我们在说话时，为了供应所需要的氧气而平均失去了六分之一的说话时间。在平常安静地呼吸时，吸气相对时间分数为 0.4~0.45，约占呼吸总时间的一半。

（3）呼吸次数

每分钟呼吸的次数同样是反映个体情绪状态的一项重要指标。研究发现，在一般平静状态下呼吸频率为每分钟 16~20 次，非激动情绪下呼吸率变化不大，然而在愤怒和惊恐情绪下，呼吸频率可增至每分钟 40~60 次。

5. 语图分析

现实生活的经验告诉我们，一个人在紧张的时候，其说话的声音会发颤。而这种颤动是不能人为加以控制的。这启示我们，人的发声器官也可以成为标识情绪的重要指标。语图分析正是基于这一原理而产生的一种情绪分析指标。科学家们设计了一种新的仪器，叫做声压分析器，它可以测量出人耳所不能直接听到的语音的某些变化。

图 8-6 是通过声压分析器记录的两段声波。其中图 A 是平静时说话的声波，而图 B 是情绪紧张时说话的声波。两种声波之所以不同，是因为在情绪压力下，被试无法控制自己的声带震动所导致的。在放松的状态下，被试的声带放松，事后分析时将出现图 A 的波形；而如果被试说谎，他就会因为声带紧张，形成如图 B 的波形。这样，研究者就可以根据谈话以后的录音分析，推测被试是否说谎。

除了上述介绍的几个生理指标外，还有一些指标被广泛运用于情绪实验当中。如眨眼、瞳孔反应、皮肤温度、血糖、血液的化学成分（如血氧含量）、外部腺体（泪腺、汗腺）、内分泌功能（如胰岛素、抗尿激素）、脑电等等。限

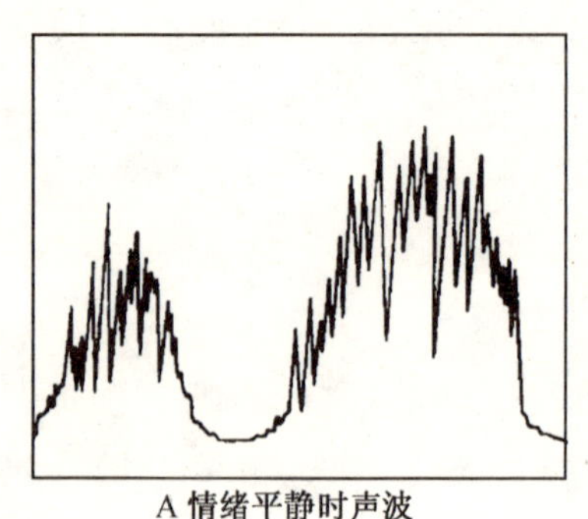

A 情绪平静时声波　　　　B 情绪紧张时声波

图 8-6　声压分析器测谎原理图示

于篇幅的原因，无法在此一一介绍。感兴趣的读者可以查阅相关资料，做进一步的了解。

测谎仪是如何测谎的?

情绪状态伴随的生理变化，常常是人们不能够随意控制的，这就使情绪研究在法律上具有了实用的价值，测谎仪就是这种应用的典型代表。图 8-7 简单描绘了测谎仪使用的情景。其中，受测者右臂上的带子是记录脉搏心跳的，胸部的带子则是用来记录呼吸速度次数的，左手上的带子用来记录皮肤电流的变化。所有这些测量的结果，都会经过震动式描针记录在按照一定速度活动的纸带上。

在实际的测谎过程中，研究者首先向受测者询问一些与案情毫无关系的问题，借此记录受测者平静状态下的各种指标。这是其生理反应的基线。基线的作用是用来和说谎时的反应作比较。在获得了基线之后，研究者会在不同的时间，向受测者询问两种不同类型的问题。一种是和案情有关的“重要”问题，如“上个星期天晚上，某住宅发生凶杀案。有人看到一个身形像你的人从窗口跳出。那个人是你吗?”如果受测者是凶犯，但却回答不是，那他就说谎了。这时，情绪的压力会导致其生理指标发生一定程度的波动。除了“重要”问题之外，研究者也会适时地插入几个控制问题。如“你在上个月曾经偷过邻居家的东西对不对?”这个问题是假造的。如果受测者回答“不是”，他就是假说谎。在询问的过程中，研究者在不同的时间内，分别向受测者提出中性、重要和控制三类问题。然后根据其回答时所反应在三种曲线上的变化，分析其有没有说谎。

需要指出的是，测谎仪的使用虽有其科学的依据，但在实际的应用中仍有其局限。经过特殊训练的人，完全可以过得了测谎仪这一关。而且统计数字表明：测谎检查的准确率一般在90%左右。因此在实际的司法实践过程中，测谎仪的结果只能作为参考，而无法作为证据使用。

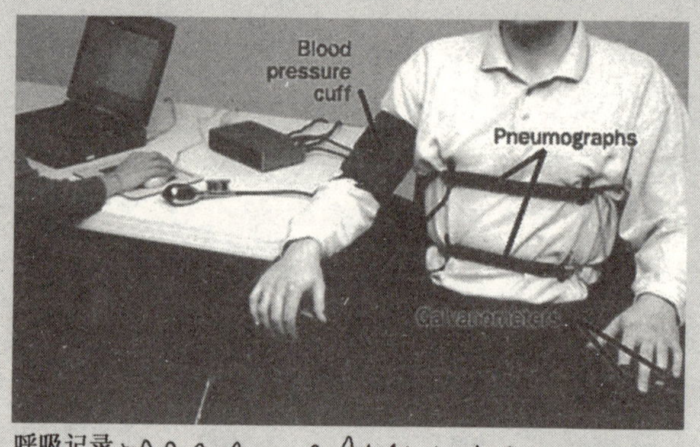

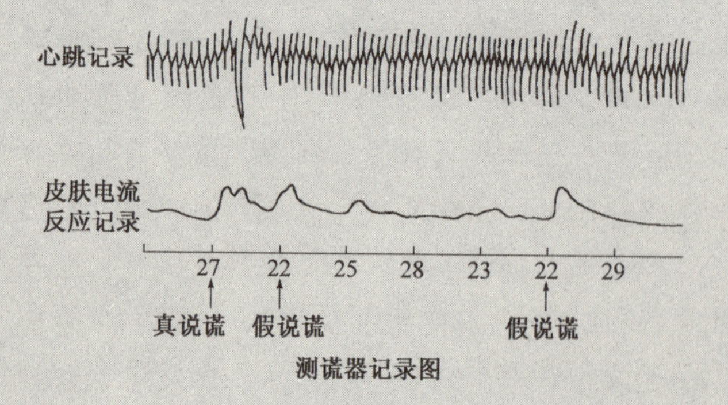

图 8-7 测谎仪的工作原理

第三节 你眉头开了，所以你快乐：情绪之表情

情绪是一种复杂的心理过程，它除了包含上述所说的生理变化之外，外部的表情动作也成为情绪活动的典型特征。达尔文在其名作《人类和动物的表情》一书中指出，现代人类的表情和姿态是人类祖先表情动作的遗迹，这些表情动作最初是具有适应意义的，以后则成为遗传的习惯而被保存了下来。例如，人在愤怒的时候，会表现出咬牙切齿、鼻孔张大等表情，这是人类祖先面临即将到来的搏斗时的适应性动作。正是因为表情的生物适应意义，所以很多最基本的表情是具有全人类的普遍性的。

图 8-8 表情不需要翻译

人类的面部表情是非常丰富的，有人统计过，仅仅在托尔斯泰的作品中，就描述过 85 种不同的眼神，97 种不同的微笑！人的每一种表情都具有特定的模式，而每一种模式又是和人们自己内心的情绪体验相一致的。心理学家艾克曼在 1980 年曾经做过一个实验，力图证明笑与内心快乐的一致性。他要求被试一直笑着看两部电影，其中一部是真正让人发笑的娱乐片，而另外一部则是令人生厌的纪录片。被试的面部表情被相机拍了下来，而研究的结论非常简单：笑是假装不来的。

既然表情动作具有全人类的共同性，而每一种表情又可以与人们真实的情绪体验取得一致，那么一个问题就摆在了心理学家们的面前，那就是如何来对面部表情进行测量。在这一领域，研究最负盛名的就是有关面部表情和面部动作编码系统的研究。其中心理学家艾克曼的“面部活动编码系统”（FACS）和心理学家伊扎德的“最大限度辨别面部

肌肉运动编码系统”（Max）和“表情辨别整体判断系统”（Affex）。

图 8-9 表情与内在体验相一致

一、艾克曼的 FACS 系统

面部活动编码系统（FACS）是由心理学家艾克曼等人在总结以往表情研究的基础上，提出的一种区分面部活动的综合系统。目前来看，它是迄今为止最为详尽、最为精细的面部运动测量技术，它能够测量和记录所有可以观察到的面部行为。这一系统不仅在心理学研究领域用于情绪的实验研究，而且在人工智能，尤其是机器人表情研究以及演员培养方面发挥了重要作用。

图 8-10 表情研究大师——保罗·艾克曼

艾克曼制定的FACS把面部分为额—眉区、眼—睑区和鼻颊—口唇区三个部位。这三个部位共包含43块面部肌肉。这些肌肉的不同组合可以呈现出愉快、惊奇、厌恶、愤怒、恐惧、悲伤、轻蔑7种情绪。FACS把面部活动分割为最小的活动单位，又把这些活动单位合并起来说明基本情绪的面部表情。

艾克曼研究FACS的方法可能会让很多人意想不到。他是采用电极刺激一块块肌肉，同时用相机记录此时的面部表情变化。通过这样的方法，可以得到两类材料，一种是引起活动的肌肉组织列表，另外一种则是引起面容变化的照片。之后，艾克曼等人把每组肌肉的运动与其引起的面部表情变化进行匹配，从而识别出哪种表情是由哪些肌肉运动引起的。根据艾克曼等人的研究，人的面部可以制造出一万种表情，其中约3 000种有实际意义。而核心的表情不过几百种，其他的都是这些核心表情的很微小的变化。

需要指出的是，由于有时候一块肌肉可以分出几个活动，而有的时候需要几块肌肉才能引起面容的变化，因此在FACS系统中采取的测量单位是面容活动，而不是肌肉单位。下表列出了总共28种单一活动单位。

运用FACS系统，人们可以比较准确的把握他人的面部表情信息所包含的意义。埃克曼曾毫不吝啬地演示了一招如何分辨“皮笑肉不笑”的绝技：假笑的人们主要运用的面部肌肉是面颊，所以假笑的人只有面颊会收紧，但是如果是自然的真诚的笑，面部肌肉不仅仅是面颊部分会收紧，上眼睑的轮匝肌也会绷紧，眼部周围的肌肉也会绷紧。当然假装也可以做到让这些肌肉紧张，但是可以马上放松，但如果你是内心情绪的真实表达，笑过以后这些肌肉就不容易放松下来。

表 8-3　FACS 的单一活动单位列表

AU 编号	FAC 名称	肌肉
1	额眉心上抬	额肌，内侧
2	额眉梢上抬	额肌，外侧
4	额眉低垂	眉间降肌，降眉肌，皱眉肌
5	上眼睑上抬	提眼睑肌
6	面颊上抬	眼环肌
7	眼睑紧凑	眼环肌
9	鼻纵起	提唇肌，提鼻肌
10	上眼睑上抬	提唇肌
11	鼻唇褶加深	嘴小肌
12	口角后拉	口角迁缩肌
13	面颊鼓胀	口角上提肌
14	唇颏微凹(酒窝)	
15	唇角下压	口角降肌
16	下唇下压	下唇降肌
17	下巴上抬	上提肌
18	口唇缩拢	上翻唇肌，内翻唇肌
20	口唇前伸	口角收缩肌
22	口唇呈筒形	口环肌
23	口唇紧闭	口环肌
24	口唇压紧	口环肌
25	两唇张开	唇压肌、额提肌放松
26	下颏下垂	咬肌、翼状肌放松
27	口前伸	翼状肌、二腹肌
28	口唇咂吸(吮吸)	口环肌

（转引自孟昭兰，2005）

二、伊扎德的 Max 和 Affex 系统

为了能够使面部运动编码系统用于解释情绪，伊扎德制定了两个互为补充的测量系统，即“最大限度辨别面部肌肉运动编码系统”（Max）和“表情辨别整体判断系统”

(Affex)。其中，Max用于对情绪客观而又精细的微观分析，而Affex从宏观的角度揭示面部表情模式的整体面貌。从本质上来讲，他们和FACS一样，都是以面部肌肉运动为记录单位，测量面部各区域肌肉运动的系统。

Max把整个面孔分为额眉—鼻根区、眼—鼻—颊区和口唇—下巴区三个部位，列出了29种面部运动的记录单位。并把每一个单位编上号码，每一个号码代表面孔某一区域的一种活动。从实际的应用来看，Max可以用来测量兴趣、愉快、惊奇、厌恶、愤怒、惧怕、悲伤、轻蔑、痛苦等9种基本的表情动作。

表8-4　Max面部运动分区记录及编号

编号	眉	额	鼻根
No. 20	上抬、弧状或不变	长横纹或增厚	变窄
No. 21	一条眉比另一条眉抬高		
No. 22	上抬、聚拢	短横纹	变窄
No. 23	内角上抬、内角下呈三角形	眉角上部额中心有皱纹	
No. 24	聚拢、眉间呈竖直纹		
No. 25	下降、聚拢	眉间呈竖纹或突起	增宽

编号	眼	颊
No. 30	上眼睑与眉之间皮肤拉紧，眼睁大而圆，上眼睑不抬高	
No. 31	眼沟展宽，上眼睑上抬	
No. 32	眉下降使眼变窄	
No. 33	双眼斜视或变窄	
No. 36	向下注视、斜视	上抬
No. 37	紧闭	
No. 38		
No. 39	向下注视，头后倒	上抬
No. 42	鼻梁皱起(可作为54和59B的附加线索)	

编号	口—唇
No. 50	张大、张凹
No. 51	张大、放松
No. 52	口角后收、微上抬
No. 53	张开、紧张、口角向两侧平展
No. 54	张开、呈矩形
No. 55	张开、紧张
No. 56	口角向下方外拉，下颊将下唇中部上抬
No. 59A＝51/66	张开、放松、舌前伸过齿
No. 58B＝54/66	张开、呈矩形、舌前伸过齿
No. 61	上唇向一方上抬
No. 63	下唇下降、前伸
No. 64	下唇内卷
No. 65	口唇缩拢
No. 66	舌前伸、过齿

（转引自孟昭兰，2005）

Affex是在Max系统的基础上，组合各种面部运动，从面部表情整体上描述基本情绪的系统。经过Max和Afeex系统训练的观察者可以敏感的捕捉面部肌肉的运动情况，并可以从面容整体来辨别不同的表情。Max和Affex的出现为人们客观测量面容整体变化提供了科学而又可靠的工具。其后的大量研究都验证了这两类测量系统的准确性。

第四节 我觉故我乐：情绪之主观体验

情绪一旦产生，各种情绪就会全方位的展开。上述的生理反应和表情行为都是情绪反应的重要指标。但还有一方面不应该被遗忘的就是情绪的主观体验。小到只有自己才能觉察到的内疚痛苦，大到愤怒的全面爆发，都充满了丰富的情绪体验。那么，心理学的研究者们是如何界定情绪体验，并对其进行测量的呢？

一、情绪体验的界定

喜怒哀乐是日常生活中再普通不过的现象了。然而在对这一普通的现象进行科学的界定时，心理学家们却碰到了令人头疼的问题。通常来讲，心理学家会采取逐一考察每一种情绪的方式进行。于是，痛苦、悲哀、恐惧、愤怒、爱等一个个具体的情绪出现在了心理学的教科书里。这种区分方法的不利方面在于，我们不清楚到底有多少种明确的情绪体验。研究发现，在英语中有550个情绪单词，在其他的语言中，所包含的情绪性单词也少不到哪里去。甚至有些语言会单独描述一种独特的情绪体验，如在德语中，Schadenfreude指的是一种某人遭到报应后的愉快感。如果我们想要将所有的情绪体验梳理出来，那简直就是不可能完成的任务。

对上述问题的解决，一种可能的方案是采取另外一种研究的取向。于是，心理学家们试图界定情绪体验的核心维度，然后再根据这些核心维度确定的情绪空间将具体的情绪进行定位。目前来看，很多研究者都将愉快和激活作为情绪体验的核心问题。根据这两个维度构筑的平面空间可以将几乎所有的情绪体验包含在内。图8-11给出了根据这两个维度而产生的情绪体验的结构。

需要指出的是，对于情绪体验结构中的核心维度到底有几个，分别是哪些维度，研究者们并未达成一致。有的研究者认为愉快和激活是情绪体验的两大核心维度，而有的研

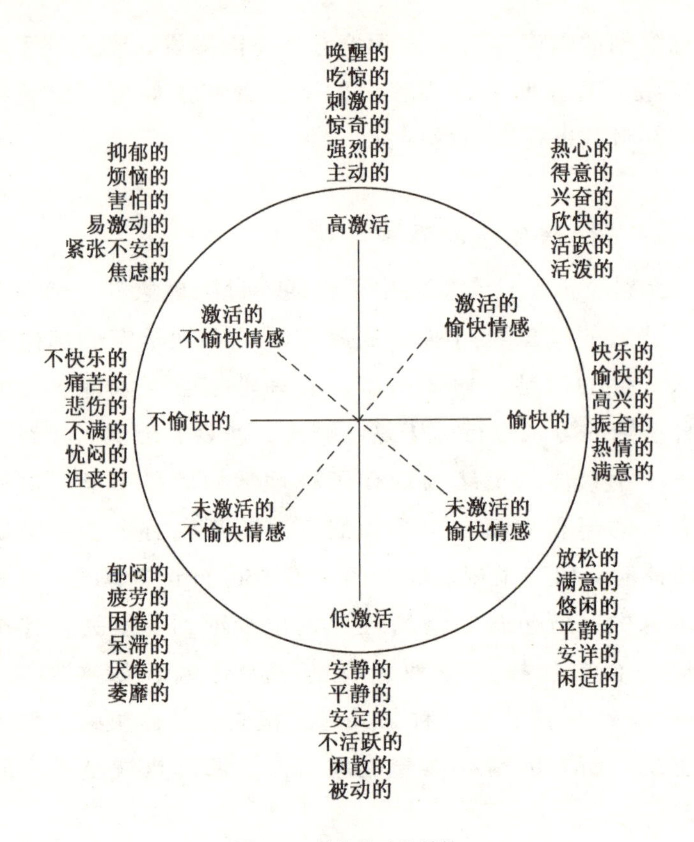

图 8-11　情绪体验的结构

究者则区分出了更多的维度，如有研究者将愉快度、紧张度、冲动度和确信度作为情绪体验的核心维度。对于这些区分在此就不一一介绍了。

二、情绪体验的测量

处于情绪状态时，人的情绪体验是自己能够感受得到的，这种体验在很大程度上是主观的，而非客观的。别人虽然可以从当事人的反应中去察言观色，以揣摩当事人的喜怒，但却不能准确地推知其内心的感受。正是由于情绪感受是主观的，所以在心理学上无法采用客观的方法来进行研究。研究情绪时，只能依赖于被试自我体察，然后作出口头或书面的报告。目前来看，研究者采用比较多的主要有形容词检表、维量等级量表和分化情绪量表、应用性情绪量表等。

1. 形容词检表

形容词检表是选用一系列描述情绪的形容词，如镇静的、神经质的、害怕的、忧郁的等等并列为检表。被试通过内省，从检表中选出符合自身当时情绪状态的词汇用来确认自身的情绪体验。各种检表选用的形容词数目不同，有多达 300 个词汇的，也有少至几十个或十几个的，其数量视检测目的的多寡而定。各种检表的测查内容也有所不同，有的用来测查一般心境，另一些则可用来测定专门项目，如测量应激（或压力）或焦虑等特定情绪。表 8-5 给出了一份典型的心境用形容词检表。

2. 维量等级量表和分化情绪量表

正如我们在前面所讲到的，对于情绪体验的研究，研究者们通常采取了两种研究的取向。一种研究取向是将情

表 8-5 心境形容词检表

条目	总是这样	经常这样	有时这样	很少这样	从不这样
1. 感兴趣的	1	2	3	4	5
2. 忧伤的	1	2	3	4	5
3. 兴奋的	1	2	3	4	5
4. 难过的	1	2	3	4	5
5. 坚强的	1	2	3	4	5
6. 内疚的	1	2	3	4	5

续表

条目	总是这样	经常这样	有时这样	很少这样	从不这样
7. 恐惧的	1	2	3	4	5
8. 有敌意的	1	2	3	4	5
9. 热情的	1	2	3	4	5
10. 自豪的	1	2	3	4	5
11. 暴躁的	1	2	3	4	5
12. 警觉的	1	2	3	4	5
13. 惭愧的	1	2	3	4	5
14. 有灵感的	1	2	3	4	5
15. 不安的	1	2	3	4	5
16. 意志坚定的	1	2	3	4	5
17. 留心的	1	2	3	4	5
18. 神经质的	1	2	3	4	5
19. 活跃的	1	2	3	4	5
20. 害怕的	1	2	3	4	5

绪体验分成一个个具体的情绪，另外一种研究取向则界定了情绪体验整体结构中的核心维度。根据这两种研究取向的不同，研究者们分别编制了相应的情绪体验测量工具。

维量等级量表采取的是确定核心维度的研究取向。根据这一研究取向，研究者首先确定具体的情绪体验结构维度，然后由被试在这些维度上进行打分。我们不妨以伊扎德的维量等级量表（DRS）为例作简单的说明。伊扎德根据以往的研究，确定出情绪体验结构的四大维度，即愉快度、紧张度、冲动度和确信度。其中，愉快度主要用来评估主观体验最突出的享乐色调方面的程度；紧张度表示情绪的神经生理激活水平方面的程度；冲动度涉及对情绪情境的出现的突然性，以致个体缺少准备的程度；确信度表达个体胜任、承受感情的程度。在具体的测量过程中，维量等级量表还兼顾认知和行为，在每个维度上作五级记分，如："你感受到愉快吗?"等等。

分化情绪量表则是采取了另外的研究取向，它是针对特定的情绪进行测量。最常用的分化情绪量表包括十种基本情绪，每种情绪有三个描述它的形容词，共30个形容词。在实际的运用过程中往往要求被试描述（想象或回忆）某一情绪发生的具体情境，然后在各种情绪成分上进行五级评分。

3. 应用性的情绪量表

研究者们还针对具体的临床应用发展出了一系列应用性的情绪量表，如在临床中应用非常广泛的抑郁自评量表（SDS）、焦虑自评量表（SAS），以及应用于具体专业领域的运动竞赛状态焦虑量表等等。表8-6给出了常用临床情绪量表抑郁自评量表（SDS）的题目和形式，具体的理论依据和相关指标就不一一介绍了。

表8-6　抑郁自评量表(SDS)

序	项目	从无	有时	经常	持续
1	我觉得闷闷不乐，情绪低沉	1	2	3	4
2	我觉得一天中早晨最好	4	3	2	1
3	一阵阵哭出来或觉得想哭	1	2	3	4
4	我夜间睡眠不好	1	2	3	4
5	我吃饭像平时一样多	4	3	2	1
6	与异性密切接触时和以往一样愉快	4	3	2	1
7	我感到体重在减轻	1	2	3	4
8	我有便秘的烦恼	1	2	3	4
9	我的心跳比平时快	1	2	3	4
10	我无故感到疲劳	1	2	3	4
11	我的头脑像往常一样清楚	4	3	2	1

续表

序	项目	从无	有时	经常	持续
12	我觉得经常做的事情不感到困难	4	3	2	1
13	我觉得不安，难以保持平静	1	2	3	4
14	我对未来感到有希望	4	3	2	1
15	我比平时更容易生气激动	1	2	3	4
16	我觉得决定什么事很容易	4	3	2	1
17	我感到自己是有用的，别人需要我	4	3	2	1
18	我的生活过得很有意思	4	3	2	1
19	假若我死了别人会过得更好	1	2	3	4
20	平常感兴趣的事，我仍然感兴趣	4	3	2	1

沙赫特的情绪实验

我们都知道情境因素、生理因素和个体的认知解释都可以影响情绪的产生，那么这些因素在情绪产生过程中究竟发挥了怎样的作用？它们之间又存在怎样的相互关系呢？为了解决这一疑问，沙赫特设计了下面这样一个实验。

（一）实验过程

实验的基本程序如下：

第一步：先给三组大学生被试注射肾上腺素，使他们处于生理唤醒状态——这是为了使所有被试的生理唤醒状态相同。

第二步：实验者对三组被试作了三种不同的说明来解释这种药物可能引起的反应。告诉第一组被试注射药物后将产生心悸、手抖、脸发烧等反应，这些是注射肾上腺素的真实效果；告诉第二组被试注射药物后将产生双脚麻木、发痒和头痛等现象，这与肾上腺素的真实效果完全不同；告诉第三组被试，药物是温和无害的，而且没有任何副作用，即不告知这组被试肾上腺素的效果。这个步骤是诱使三组被试对自己的生理状态作出不同的认知解释。

第三步：将每组被试各分成两部分，并让两部分被试分别进入两种实验情境中。其中一个实验情境能看到一些滑稽表演，是一个愉快的情境；而另一个实验情境中，强迫被试回答繁琐的问题，并强加指责，是惹人发怒的情境。这个步骤是使被试处在不同的环境中。

实验者观察这两种环境下各组被试的情绪反应。

（二）实验结果

可以预测：如果情绪是由刺激引起的生理唤醒状态单独决定的，那么三组被试应该产生一样的情绪反应，因为实验中他们的生理唤醒状态都是一样的；如果情绪是由环境因素单独决定的，那么各组被试应该是在愉快的环境中感到愉快，在愤怒的环境中产生愤怒。但实验的真实结果是：第二、第三组被试在愉快环境中表现出愉快的情绪，在愤怒的情境中表现出愤怒的情绪，而第一组被试在两种情境中都比较冷静。显然，这是由于第一组被试能正确地估计和解释后来的真实生理反应，并将环境对他的影响也进行了认知解释，因而能平静地对待环境作用。而第二、第三组被试对真实生理唤醒水平的认知解释是错误的，因而他们的情绪反应随着环境的不同而变化。由此可知，在情绪的产生中，生理唤醒和环境都有影响，但认知过程则起着至关重要的作用。大脑皮层将环境、生理和认知信息整合起来后，而产生了一定的情绪。据此，沙赫特推论情绪是认知过程、生理状态和环境因素共同作用的结果，其中认知因素对情绪的产生起关键作用。